生命

中学3年間の総復習 理科 付録

入試で役立つ！

入試対策ミニBOOK

理科

入試問題の
読み取りポイント

JN008462

物質のすがた，気体の発生と性質，

子，いろいろ

化学変化と

量

アルカリ，化

石の観察，地
うす，火山，

大気の動き，

転・公転，太
見え方

ンズ，音の性

流・電圧と電
静

ギ

ル学的エネ

ネルギーとエ
な物質と利

入試問題の文章やイラストを見て，どのような内容が
問われているのか，どの知識を使って解けばよいのか，
読み取り方や解答のポイントを知ることができます。

月 日 点

③ 点

入試までの勉強法

【合格へのステップ】

3月

- 1・2年の復習
- 苦手教科の克服

苦手を見つけて早めに克服していこう！ 国・数・英の復習を中心にしよう。

7月

- 3年夏までの内容の復習
- 応用問題にチャレンジ

夏休み中は1・2年の復習に加えて，3年夏までの内容をおさらいしよう。社・理の復習も必須だ。得意教科は応用問題にもチャレンジしよう！

9月

- 過去問にチャレンジ
- 秋以降の学習の復習

いよいよ過去問に取り組もう！ できなかった問題は解説を読み，できるまでやりこもう。

12月

- 基礎内容に抜けがないかチェック！
- 過去問にチャレンジ
- 秋以降の学習の復習

基礎内容を確実にすることは，入試本番で点数を落とさないために大事だよ。

本番！

【本書の使い方と特長】

はじめに

苦手な内容を早いうちに把握して，計画的に勉強していくことが，
入試対策の重要なポイントになります。
本書は必ずおさえておくべき内容を1回4ページ・15回で学習できます。

ステップ1

基本事項を確認しよう。
自分の得意・不得意な内容を把握しよう。

ステップ2

制限時間と配点がある演習問題で，ステップ1の内容が身についたか確認しよう。
🆙 の問題もできると更に得点アップ！

高校入試 実戦テスト

実際の公立高校の入試問題で力試しをしよう。
制限時間と配点を意識しよう。

わからない問題に時間を
かけすぎずに，解答と解
説を読んで理解して，も
う一度復習しよう。

別冊解答

解説で解き方のポイントなどを確認しよう。
🔗**入試につながる** で入試の傾向や対策，
得点アップのアドバイスも確認しよう。

解き方 動画

わからない問題があるときや，もっとくわしく知りたいときは
無料の解き方動画を見ながら学習しよう。

▶ 動画の視聴方法　対応 OS：iOS 12.0 以上（iPad, iPhone, iPod touch 対応）／　Android 6.0 以上

① App Store や Google Play で
「スマレク ebook」と検索し，
専用アプリ「スマレク ebook」を
インストールしてください。

スマレク ebook

② 「スマレク ebook」で専用のカメラを起動し，紙面にかざすと
解き方動画が再生されます。

[AR カメラ] をタップ
してカメラを起動します。

カメラを紙面に
かざします。

解き方動画が再生されます。
※画像は数学の動画授業です。

※動画の視聴には別途通信料が必要となりますので，ご注意ください。

いろいろな生物とその共通点

❶ 生物の観察

● スケッチは，目的とするものだけを対象にして，細い線と小さな点ではっきりとかく。日時や天気，気づいたことなども記録する。

● ルーペは，必ず目に近づけて持つ。

〔**ここに注意**〕
スケッチのしかた
線を重ねがきしたり，影をつけたりしない。

動かせるものを観察するとき
↓
観察するものを動かす。

動かせないものを観察するとき
↓
顔を動かす。

目をいためるので，ルーペで太陽を見てはいけない。

❷ 植物の特徴と分類

● 種子をつくってふえる植物を種子植物という。そのうち，胚珠が子房の中にある植物を被子植物といい，胚珠がむき出しになっている植物を裸子植物という。

● 被子植物の花のつくり

花は外側から，がく，花弁，おしべ，めしべの順についている。

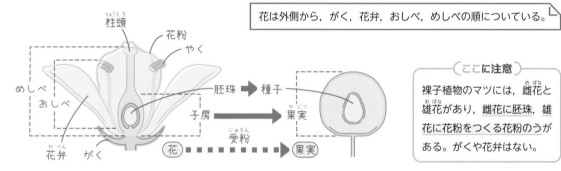

柱頭
花粉
やく
めしべ
おしべ
胚珠 ➡ 種子
子房 ➡ 果実
花 ┈➤ 果実
受粉
花弁　がく

〔**ここに注意**〕
裸子植物のマツには，雌花と雄花があり，雌花に胚珠，雄花に花粉をつくる花粉のうがある。がくや花弁はない。

● 被子植物は，単子葉類と双子葉類に分類できる。

	子葉	葉	根	植物の例
単子葉類	1枚	平行脈（平行な葉脈）	ひげ根	イネ　ユリ
双子葉類	2枚	網状脈（網目状の葉脈）	主根　側根	アブラナ　タンポポ

- シダ植物やコケ植物は，種子ではなく胞子をつくってふえる。コケ植物には，葉，茎，根の区別がない。

- 植物の分類

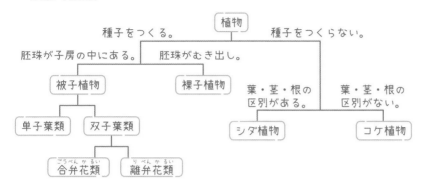

> **合弁花類**
> 花弁がくっついている花(合弁花)をもつなかま
> **離弁花類**
> 花弁が1枚1枚離れている花(離弁花)をもつなかま

❸ 動物の特徴と分類

- 背骨をもつ動物を脊椎動物という。5種類に分類される。

	魚類 フナ	両生類 カエル	は虫類 トカゲ	鳥類 ハト	哺乳類 ウサギ
生活場所	水中	子(幼生) →水中 親(成体) →おもに陸上	おもに陸上	陸上	ほとんどが陸上
呼吸のしかた	えら	子→えらと皮膚 親→肺と皮膚	肺		
体の表面のようす	うろこ	うすく湿った皮膚	うろこ	羽毛	毛
子のうまれ方	卵生 (殻がない卵を水中に産む。)		卵生 (殻がある卵を陸上に産む。)		胎生

- 背骨をもたない動物を無脊椎動物という。節足動物や軟体動物などがいる。

- 節足動物は，体の外側にかたい殻(外骨格)があり，体やあしが多くの節に分かれている。昆虫類，甲殻類，クモ類などがふくまれる。

- 軟体動物は，体に節はなく，内臓がやわらかい膜(外とう膜)でおおわれている。水中で生活するものが多い。

> **節足動物の例**
> 昆虫類：バッタ，チョウ
> 甲殻類：エビ，カニ
> **軟体動物の例**
> イカ，アサリ，マイマイ

第1回 ステップ2

1年≫生命

いろいろな生物とその共通点

時間 30分　目標 70点

得点　　点

解答 [別冊] p.2

1 **ルーペを使ってタンポポの花のようすを観察した。図は，そのときのスケッチである。これについて，あとの問いに答えよ。**

8点(各4点)

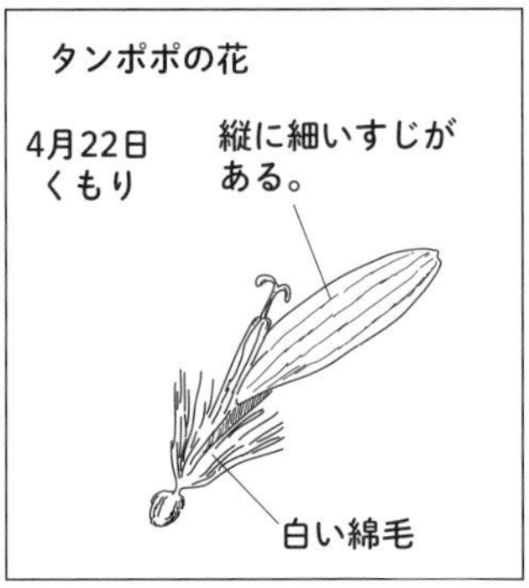

タンポポの花
4月22日
くもり
縦に細いすじがある。
白い綿毛

(1) このときのルーペの使い方として正しいものを，次の㋐～㋓から1つ選び，記号で答えなさい。　(　　　)

㋐ ルーペを花に近づけて持ち，花とルーペを前後に動かす。

㋑ ルーペを花に近づけて持ち，顔を前後に動かす。

㋒ ルーペを目に近づけて持ち，花を前後に動かす。

㋓ ルーペを目に近づけて持ち，顔を前後に動かす。

(2) 図のスケッチは，スケッチとして適切でない部分がある。それはどこか。次の㋐～㋓から1つ選び，記号で答えなさい。　(　　　)

㋐ 細い線ではっきりかいている。　㋑ 重ねがきをして影をつけている。

㋒ 日付や天気をかいている。　㋓ 気づいたことをかいている。

≫ステップ1 [1]

2 **図1はサクラの花を，図2はマツの花を表している。これについて，あとの問いに答えよ。**

36点(各4点)

図1

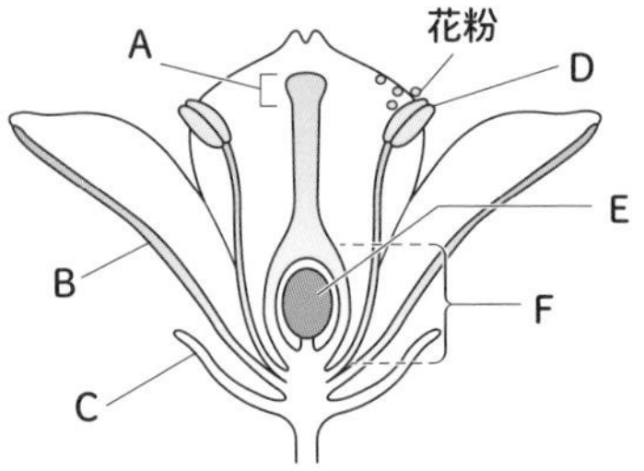

A
花粉
D
E
B
F
C

図2

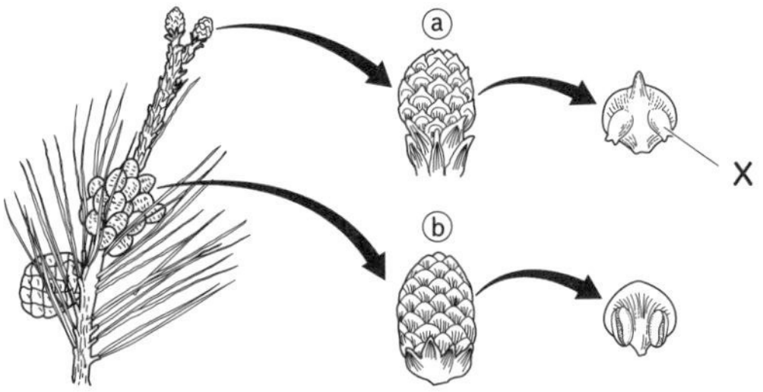

ⓐ
X
ⓑ

(1) 図1のB，C，Fの名称を答えなさい。

B(　　　)　C(　　　)　F(　　　)

(2) 図1のAの部分に花粉がつくことを何というか。　(　　　)

(3) 図1で，成長して種子，果実になるのは，A～Fのどの部分か。それぞれ1つ選び，記号で答えなさい。　種子(　　　)　果実(　　　)

(4) 図2で，雄花を表しているのはⓐ，ⓑのどちらか。記号で答えなさい。　(　　　)

[UP] (5) 図2のXは，図1ではA～Fのどの部分にあたるか。1つ選び，記号で答えなさい。

(　　　)

(6) サクラやマツのように，花をさかせて種子でふえる植物を何というか。(　　　)

≫ステップ1 [2]

3 図は，植物の分類を表したものである。これについて，あとの問いに答えよ。　24点(各4点)

```
                          ┌─ X ──── スギなど
植物 ─┬─ 種子植物 ─┤                    ┌─ 単子葉類 ── ユリなど
      │             └─ 被子植物 ─┤
      │                            └─ 双子葉類 ── サクラなど
      ├─ シダ植物 ── ワラビなど
      └─ コケ植物 ── スギゴケなど
```

(1) Xにあてはまることばは何か。　　　　　　　　　　　　（　　　　　　　　）

(2) 被子植物とXの植物は，どのような観点によって分類されるか。
　　（　　　　　　　　　　　　　　　　　　　　　　　　　　　　　　　　）

(3) 双子葉類の葉と根のつくりについて述べた文として正しいものを，次のア～エから1つ選び，記号で答えなさい。　　　　　　　　　　（　　　　　　　　）

　　ア　葉のすじは網目状で，根はひげ根である。
　　イ　葉のすじは網目状で，根は主根と側根からなる。
　　ウ　葉のすじは平行で，根はひげ根である。
　　エ　葉のすじは平行で，根は主根と側根からなる。

(4) シダ植物とコケ植物は，何をつくってなかまをふやすか。　（　　　　　　　）

(5) 単子葉類，シダ植物に分類される植物を，次のア～オからそれぞれ1つ選び，記号で答えなさい。　　　　　　　　　　単子葉類（　　　　）シダ植物（　　　　）

　　ア　アサガオ　　イ　ゼニゴケ　　ウ　イチョウ　　エ　ツユクサ　　オ　イヌワラビ

》ステップ1 **2**

4 図は，身のまわりの動物を，それぞれの特徴をもとにA～Gのグループに分けたものである。これについて，あとの問いに答えよ。　32点(各4点)

A	B	C	D	E	F	G
トカゲ ヘビ	ネズミ ウサギ	メダカ フナ	イモリ カエル	イカ アサリ	ハト スズメ	カニ クモ

(1) 母親の子宮(体)内である程度成長してから子がうまれるグループは，A～Gのどれか。また，そのうまれ方を何というか。　記号（　　　　）うまれ方（　　　　）

(2) C，Dのグループの特徴は，次のア～エのどれか。それぞれ1つ選び，記号で答えなさい。
　　　　　　　　　　　　　　　　　　　　　C（　　　　）　D（　　　　）

　　ア　背骨があり，一生えらで呼吸をする。　　イ　子と親で呼吸のしかたが変わる。
　　ウ　背骨がなく，体の外側にかたい殻がある。　エ　羽毛でおおわれている。

(3) Eのグループの内臓をおおうやわらかい膜を何というか。　（　　　　　　　）

(4) ワニ，チョウ，クジラは，A～Gのどのグループにふくまれるか。それぞれ1つ選び，記号で答えなさい。　　ワニ（　　　　）　チョウ（　　　　）　クジラ（　　　　）

》ステップ1 **3**

第 **2** 回　ステップ **1**

2年 » 生命

生物の体のつくりとはたらき

❶ 生物と細胞

● ふつう１つの細胞に核が１つある。核
のまわりには細胞質があり，いちばん外
側の膜を細胞膜という。植物の細胞には，
細胞膜の外側に細胞壁がある。

> 体が１つの細胞でできている生物を単細胞生
> 物といい，多数の細胞でできている生物を多細
> 胞生物という。

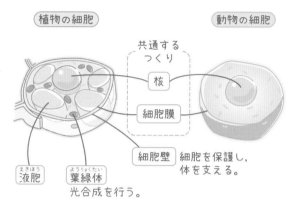

植物の細胞　　　　　　　　　　　動物の細胞

共通する
つくり
核
細胞膜
細胞壁 細胞を保護し，
体を支える。
液胞
葉緑体
光合成を行う。

❷ 植物の体のつくりとはたらき

● 植物が光を受けて，デンプンなどの(栄)養分をつくり出すはたらきを光合成という。

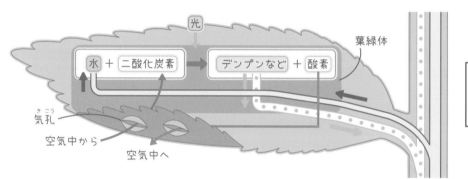

光

水 ＋ 二酸化炭素 → デンプンなど ＋ 酸素

葉緑体

気孔
空気中から
空気中へ

> 光合成は，細
> 胞の中の葉緑
> 体で行われる。

● 植物も動物と同じように，呼吸を行っている。呼吸は１日中行われるが，光合成は光
が当たるときだけ行われる。

● 茎の断面のようすは，双子葉類と単子葉類で異なる。

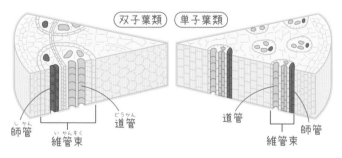

双子葉類　　単子葉類

師管
維管束
道管

道管
維管束
師管

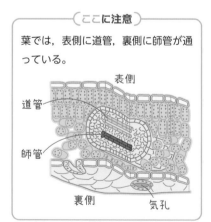

ここに注意

葉では，表側に道管，裏側に師管が通
っている。

表側
道管
師管
裏側
気孔

・道管…根から吸収した水や，その水にとけている物質が通る管。
・師管…葉でつくられた(栄)養分などが通る管。

● 根から吸い上げられた水は，気孔から水蒸気になって出ていく。この現象を蒸散という。

❸ 生命を維持するはたらき

● 食物は，消化液にふくまれる消化酵素によって分解され，吸収されやすい物質に変わる。

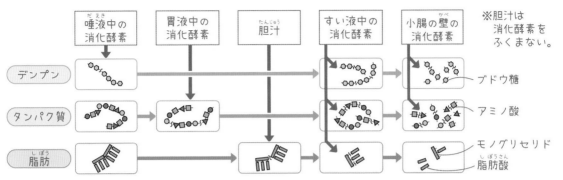

| 唾液中の消化酵素 | 胃液中の消化酵素 | 胆汁 | すい液中の消化酵素 | 小腸の壁の消化酵素 | ※胆汁は消化酵素をふくまない。 |

● 消化された(栄)養分は小腸の柔毛で吸収された後，血液によって全身の細胞に送られて，細胞呼吸のエネルギー源になったり，体をつくる材料になったりする。

細胞がエネルギーをとり出すしくみを細胞呼吸という。

酸素 →
(栄)養分 → 細胞 → 水
　　　　　　　　→ 二酸化炭素
　　　　　→ エネルギー

● 肺は，気管支とその先につながる肺胞という小さな袋が集まってできており，ここで酸素と二酸化炭素の交換が行われる。

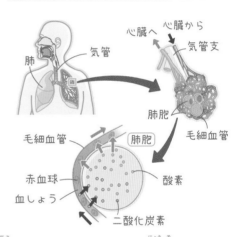

● 血液の成分

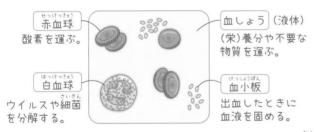

赤血球
酸素を運ぶ。

血しょう (液体)
(栄)養分や不要な物質を運ぶ。

白血球
ウイルスや細菌を分解する。

血小板
出血したときに血液を固める。

● 細胞のはたらきによって生じるアンモニアは，肝臓に運ばれて害の少ない尿素に変えられる。尿素は腎臓へ送られ，血液中からこし出されて尿になる。

❹ 刺激と反応

● 目や耳など，外界からの刺激を受けとる細胞を感覚器官という。

● 神経のうち，脳や脊髄を中枢神経といい，そこから枝分かれして全身に広がっている感覚神経や運動神経を末しょう神経という。

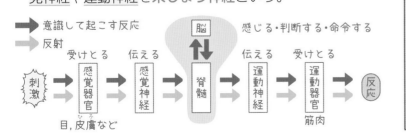

➡ 意識して起こす反応
➡ 反射

（刺激に対する）反射
刺激に対して無意識に起こる反応。
例・熱いものにふれ，思わず手を引っこめる。
・口に食物が入ると，自然と唾液が出る。

生物の体のつくりとはたらき

1 図は，植物の細胞と動物の細胞のつくりを模式的に表したものである。これについて，あとの問いに答えよ。

28点(各4点)

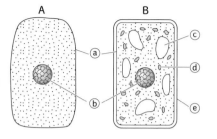

(1) 動物の細胞は，AとBのどちらか。記号で答えなさい。

（　　　　　　）

(2) ⓐ，ⓑ，ⓓの名称をそれぞれ答えなさい。

ⓐ（　　　　　　）　ⓑ（　　　　　　）　ⓓ（　　　　　　）

(3) 次の①，②にあてはまるつくりを，図のⓐ～ⓔからそれぞれ1つ選び，記号で答えなさい。

① 染色液によく染まる。 （　　　　　　）

② 厚くて丈夫な仕切りで，体を支えるのに役立っている。 （　　　　　　）

(4) ヒトのように，体が多数の細胞からできている生物を何というか。（　　　　　　）

» ステップ1 **1**

2 図は，光が当たっているときの植物のはたらきを表したものである。これについて，あとの問いに答えよ。 20点(各4点)

(1) 植物が光を受けて，デンプンなどをつくり出すはたらきを何というか。また，そのはたらきを表しているのは，AとBのどちらか。

はたらき（　　　　　　）　記号（　　　　　　）

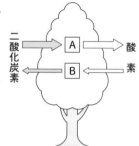

(2) 植物のはたらきに関係する酸素や二酸化炭素は，植物の体の何という部分から出入りしているか。 （　　　　　　）

(3) 光を受けてつくられた(栄)養分が，全身に運ばれるときに通る管を何というか。

（　　　　　　）

(4) 昼は，植物はAのはたらきだけを行っているように見える。その理由を説明しなさい。

（　　　　　　　　　　　　　　　　　　　）

» ステップ1 **2**

3 図1は，ヒトの消化にかかわる器官を模式的に表したものである。これについて，あとの問いに答えよ。 20点(各4点)

(1) 唾液腺から出る消化液にふくまれる消化酵素は何か。次のア～エから1つ選び，記号で答えなさい。 （　　　　　　）

ア ペプシン　　　イ トリプシン

ウ アミラーゼ　　エ リパーゼ

(2) 胆のうから出されて，脂肪の分解を助けるはたらきがある消化液を何というか。 （　　　　　　）

図1

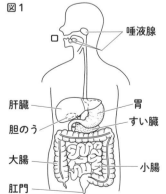

(3)　タンパク質は，最終的に何という物質になって体内に吸収されるか。次の㋐～㋓から1つ選び，記号で答えなさい。　(　　　)

㋐　ブドウ糖　　㋑　アミノ酸　　㋒　脂肪酸　　㋓　モノグリセリド

(4)　図2は，消化された養分を吸収するつくりを表している。

図2

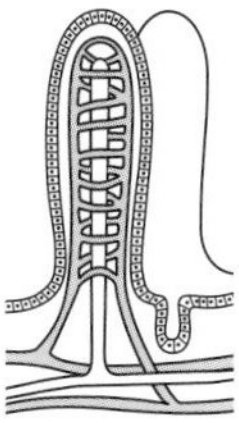

①　このつくりは何という器官にあるか。　(　　　)

②　①では，このつくりがたくさんあることで，消化された物質を効率よく吸収することができる。その理由を説明しなさい。

(　　　　　　　　　　)

»ステップ1 [3]

4　図は，ヒトの血液の循環を模式的に表したものである。矢印は血液の流れる向きを示している。これについて，あとの問いに答えよ。　20点(各4点)

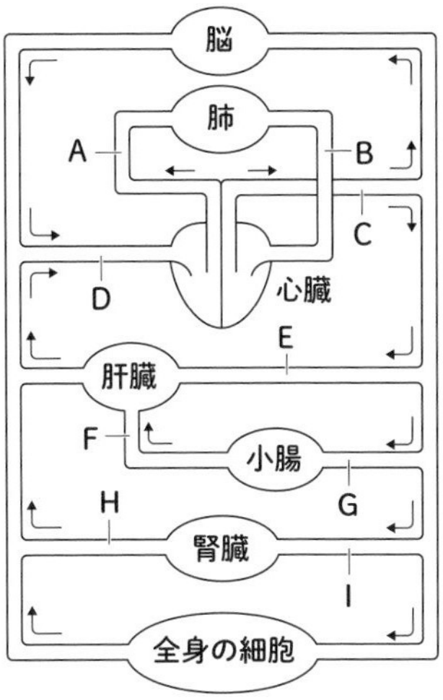

(1)　血管A～Dのうち，動脈血が流れている血管をすべて選び，記号で答えなさい。　(　　　)

(2)　心臓から出た血液が，肺以外の全身に送られ，再び心臓にもどる道すじを何というか。　(　　　)

(3)　細胞呼吸に必要な酸素は，血液中の何という成分によって全身に運ばれるか。次の㋐～㋓から1つ選び，記号で答えなさい。　(　　　)

㋐　白血球　　㋑　赤血球　　㋒　血しょう　　㋓　血小板

(4)　血管A～Iのうち，次の①，②の血液が流れる血管はどれか。それぞれ1つ選び，記号で答えなさい。

①　食後に，ブドウ糖などの(栄)養分を最も多くふくむ。　(　　　)

②　尿素のふくまれる割合が最も少ない。　(　　　)

»ステップ1 [3]

5　図は，ヒトの体で反応が起こるときの，刺激や命令の信号が伝わる神経を模式的に示したものである。これについて，あとの問いに答えよ。　12点(各3点)

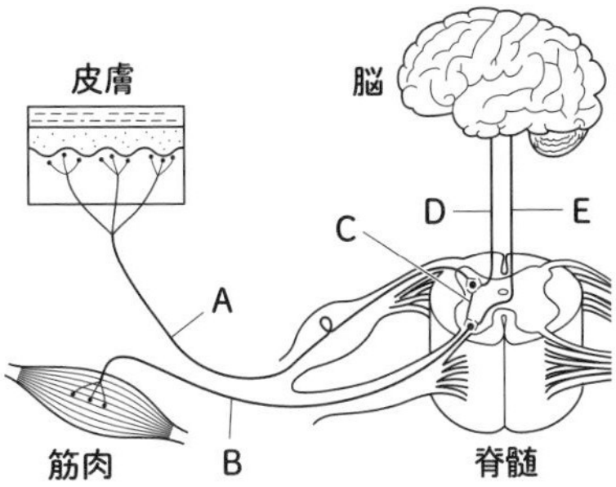

(1)　脳と脊髄を合わせた神経を何というか。

(　　　)

(2)　感覚器官からの信号を脳や脊髄に伝えるAの神経を何というか。　(　　　)

(3)　熱いものにふれたとき，熱いと感じる前に，思わず手を引っこめた。

①　このように，刺激に対して無意識に起こる反応を何というか。　(　　　)

②　このときの刺激や命令の信号が伝わる神経を，図のA～Eから選び，信号が伝わる順に並べなさい。　(　　　　　)

»ステップ1 [4]

ヒント　4 (1)酸素を多くふくむ血液を動脈血という。

3 年 » 生命

生命の連続性

❶ 細胞分裂と生物の成長

● 1 つの細胞が 2 つに分かれることを**細胞分裂**という。

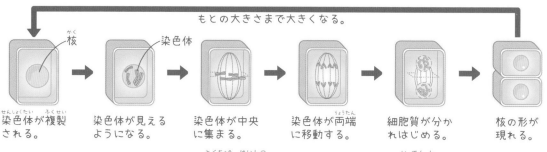

もとの大きさまで大きくなる。

| 染色体が複製される。 | 染色体が見えるようになる。 | 染色体が中央に集まる。 | 染色体が両端に移動する。 | 細胞質が分かれはじめる。 | 核の形が現れる。 |

● 染色体には，生物のいろいろな特徴（形質）を決めるもとになる**遺伝子**が存在する。

● 生物の体は，細胞分裂で細胞の<u>数がふえ</u>，分裂後の細胞が<u>大きくなる</u>ことで成長する。

❷ 生物のふえ方

● 雌と雄がかかわって新しい個体（子）をつくることを**有性生殖**といい，雌と雄がかかわらずに新しい個体（子）をつくることを**無性生殖**という。

> 植物の体の一部から，新しい個体をつくる無性生殖を，**栄養生殖**という。
> 例 ジャガイモのいもを土に植えると，芽や根が出て成長する。

● 動物の有性生殖

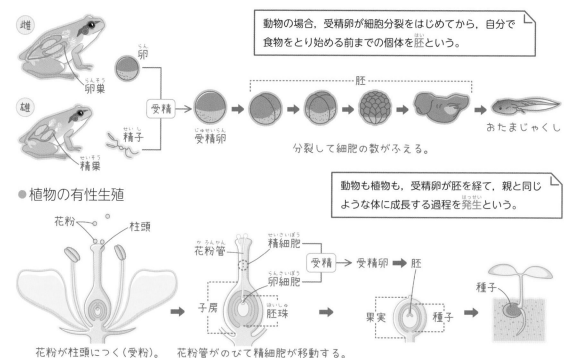

> 動物の場合，受精卵が細胞分裂をはじめてから，自分で食物をとり始める前までの個体を**胚**という。

雌　卵巣　卵　受精　精子　精巣　受精卵　胚　おたまじゃくし

分裂して細胞の数がふえる。

> 動物も植物も，受精卵が胚を経て，親と同じような体に成長する過程を**発生**という。

● 植物の有性生殖

花粉　柱頭　花粉管　精細胞　受精　受精卵　胚　卵細胞　子房　胚珠　果実　種子　種子

花粉が柱頭につく（受粉）。　花粉管がのびて精細胞が移動する。

● 卵や精子のような**生殖細胞**は，**減数分裂**という特別な細胞分裂によってつくられる。減数分裂では，染色体の数が<u>もとの細胞の半分</u>になる。

――(ここに注意)――

子に現れる形質

無性生殖：親とまったく同じ。←親と同じ遺伝子を受け継ぐため

有性生殖：親と同じであったり，異なったりする。←親の遺伝子を半分ずつ受け継ぐため

③ 遺伝の規則性と遺伝子

● 親，子，孫と代を重ねても，その形質がすべて親と同じであるものを<u>純系</u>という。

● <u>対立形質</u>をもつ純系どうしをかけ合わせたとき，子に現れるほうの形質を<u>顕性(の)形質</u>といい，子に現れないほうの形質を<u>潜性(の)形質</u>という。

> 対立形質とは，ある形質について，同時に現れない対になる形質のこと
> 例 ・エンドウの種子の形(丸⇔しわ)
> 　　・マツバボタンの花の色(赤⇔白)

● 対立形質をもつ純系どうしをかけ合わせたときの形質の現れ方

丸い種子になる遺伝子をA, しわの種子になる遺伝子をaとする。

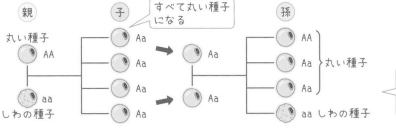

> 顕性形質を現すものと潜性形質を現すものとの割合が，約3：1になる。

④ 生物の種類の多様性と進化

● 生物が長い時間をかけて代を重ねる間に形質が変化することを<u>進化</u>という。

● 現在の形やはたらきは異なるが，<u>もとは同じものであった</u>と考えられる器官を<u>相同器官</u>といい，進化の証拠の１つと考えられている。

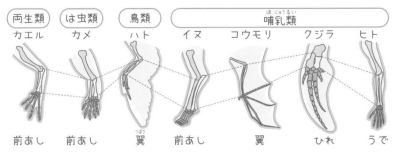

> 脊椎動物は，魚類，両生類，は虫類，哺乳類，鳥類の順に出現した。

● 生物は，長い年月の間に進化して，<u>水中から陸上へ</u>生活の場を広げ，多種多様な種類となった。

生命の連続性

1 図は，植物の細胞分裂のいろいろな段階を表している。これについて，あとの問いに答えよ。

12点(各4点)

(1) A〜Fを，Aを最初として細胞分裂の順番に並べなさい。

(A → 　　 → 　　 → 　　 → 　　)

(2) Bの細胞などに見られる，ひものようなものXを何というか。 (　　)

(3) 生物が成長するしくみを，「細胞分裂」のことばを使って説明しなさい。

(　　)

>> ステップ1 **1**

2 図1はカエルの受精卵ができるようす，図2は受精卵が成長していく過程のいろいろな段階を表している。これについて，あとの問いに答えよ。 24点(各4点)

図1

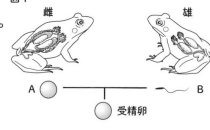

(1) 図1のA，Bの生殖細胞をそれぞれ何というか。

A(　　) B(　　)

(2) 図1のA，Bがつくられるときに行われる，特別な細胞分裂を何というか。 (　　)

(3) 図2のⓐ〜ⓔを，成長の過程の順番に並べなさい。

(　　 → 　　 → 　　 → 　　 → 　　)

(4) 受精卵を経て，親と同じような体に成長する過程を何というか。 (　　)

(5) カエルのように，雌と雄がかかわって新しい個体をつくることを何というか。 (　　)

図2

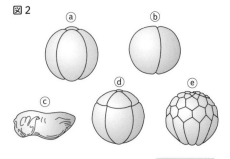

>> ステップ1 **2**

3 図は，被子植物の花粉が柱頭についた後の変化を表したものである。これについて，あとの問いに答えよ。 24点(各4点)

(1) 花粉が柱頭についた後，花粉から柱頭の内部にのびるAを何というか。 (　　)

(2) Aの中を移動する細胞B，胚珠の中の細胞Cをそれぞれ何というか。 B(　　) C(　　)

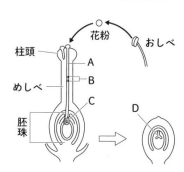

(3)　細胞Bの核と細胞Cの核が合体してできたものが，細胞分裂をくり返してできるDを何というか。　(　　　　　)

(4)　この被子植物の体をつくる細胞の染色体の数が8本であるとすると，細胞BとDの染色体の数はそれぞれ何本か。　B(　　　　　)　D(　　　　　)

≫ステップ1 [2]

4　図のように，代々丸い種子をつくるエンドウの種子と，Ⓟ代々しわのある種子をつくるエンドウの種子を育てて受粉させたところ，Ⓠできた種子(子)はすべて丸い種子であった。丸い種子をつくる遺伝子をA，しわのある種子をつくる遺伝子をaとして，あとの問いに答えよ。　30点(各5点)

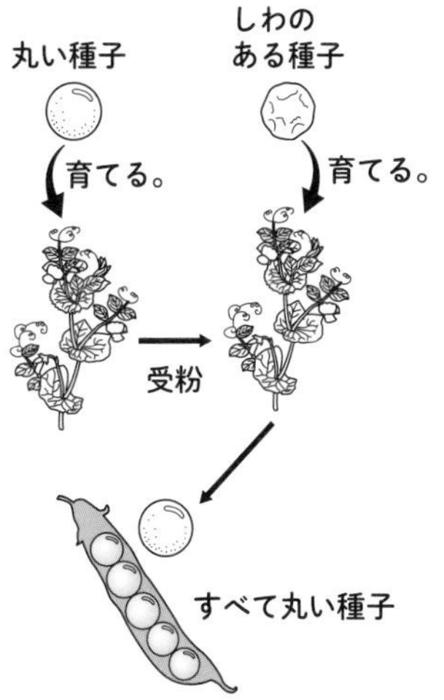

(1)　下線部Ⓟのように，代を重ねても，その形質がすべて親と同じである場合，これらを何というか。　(　　　　　)

(2)　エンドウの種子には，「丸いもの」と「しわのあるもの」の2つの形質があり，子にはどちらかの形質しか現れない。このように，同時に現れない2つの形質を何というか。　(　　　　　)

(3)　下線部ⓅとⓆのエンドウがもつ遺伝子の組み合わせを，次の㋐～㋒からそれぞれ選び，記号で答えなさい。　Ⓟ(　　　　　)　Ⓠ(　　　　　)

㋐　AA　　㋑　aa　　㋒　Aa

(4)　下線部Ⓠのエンドウを自家受粉させて育て，できた種子を調べたところ，丸い種子としわのある種子ができた。このうちしわのある種子の数が1210個であったとすると，丸い種子は約何個であると考えられるか。次の㋐～㋓から1つ選び，記号で答えなさい。　(　　　　　)

㋐　600個　　㋑　1200個　　㋒　2400個　　㋓　3600個

(5)　遺伝子の本体は何という物質か。アルファベット3文字で答えなさい。(　　　　　)

≫ステップ1 [3]

5　図は，4種類の脊椎動物の前あしにあたる器官の骨格を表したものである。これについて，あとの問いに答えよ。　10点(各5点)

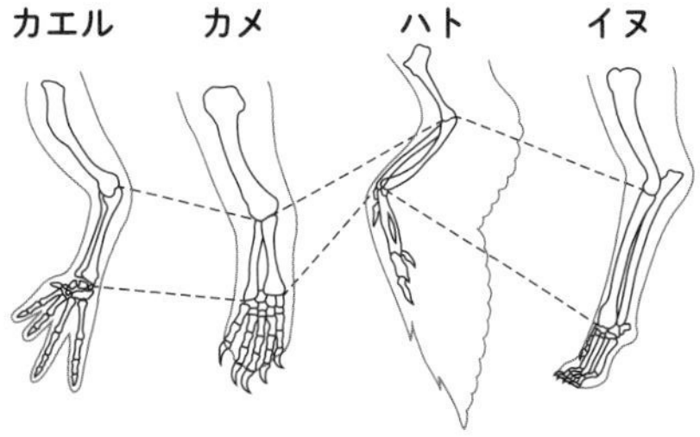

(1)　骨格の基本的なつくりがよく似ていることから，これらの器官についてどのようなことがいえるか。「進化」ということばを使って説明しなさい。
(　　　　　　　　　　　　　　　　　　　　　)

(2)　図のように，形やはたらきは異なるが，基本的なつくりがよく似ている器官を何というか。　(　　　　　)

≫ステップ1 [4]

[ヒント] 3 (4)生殖細胞の染色体の数は，もとの細胞の染色体の数の半分になる。

身のまわりの物質

❶ 物質のすがた

● 炭素をふくむ物質を有機物といい，有機物以外の物質を無機物という。有機物を燃やすと，二酸化炭素が発生する。また，多くの場合，水素をふくむので水も発生する。

> **有機物の例**
> 砂糖，ろう，エタノール，木
> **無機物の例**
> 食塩，ガラス，鉄，酸素，水

● 金属の性質

電気をよく通す。

熱をよく伝える。

みがくと光沢が出る。

たたくと広がる。

引っぱるとのびる。

> **ここに注意**
> **磁石につくかどうか**
> 磁石につくのは，鉄などの一部の金属で，金属に共通する性質ではない。

● 一定の体積(1 cm³)あたりの物質の質量を密度といい，物質の種類によって値が決まっている。

$$\text{密度}〔g/cm^3〕 = \frac{\text{物質の質量}〔g〕}{\text{物質の体積}〔cm^3〕}$$

❷ 気体の発生と性質

● 気体の集め方

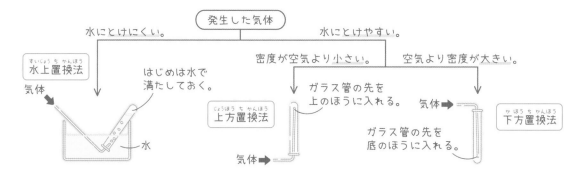

発生した気体

水にとけにくい。 → **水上置換法** 気体 / はじめは水で満たしておく。 / 水

水にとけやすい。
密度が空気より小さい。 → **上方置換法** ガラス管の先を上のほうに入れる。 気体→
空気より密度が大きい。 → 気体→ ガラス管の先を底のほうに入れる。 **下方置換法**

● おもな気体の性質

気体	発生方法の例	色	におい	水へのとけ方	空気を 1 としたときの密度の比	気体の集め方
酸素	二酸化マンガンにうすい過酸化水素水(オキシドール)を加える。	無色	なし	とけにくい。	1.11	水上置換法
二酸化炭素	石灰石に塩酸を加える。	無色	なし	少しとける。	1.53	水上置換法下方置換法
水素	亜鉛やマグネシウムに塩酸を加える。	無色	なし	とけにくい。	0.07	水上置換法
アンモニア	塩化アンモニウムと水酸化カルシウムの混合物を加熱する。	無色	刺激臭	非常によくとける。	0.60	上方置換法

❸ 水溶液

● 溶質, 溶媒, 溶液の関係

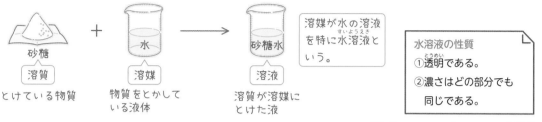

| とけている物質 | 物質をとかしている液体 | 溶質が溶媒にとけた液 |

溶媒が水の溶液を特に水溶液という。

水溶液の性質
① 透明である。
② 濃さはどの部分でも同じである。

● 溶液の質量に対する溶質の質量の割合を百分率(%)で表した濃度(溶液の濃さ)を, **質量パーセント濃度**という。

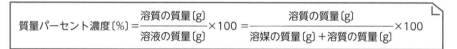

$$質量パーセント濃度〔\%〕=\frac{溶質の質量〔g〕}{溶液の質量〔g〕}×100=\frac{溶質の質量〔g〕}{溶媒の質量〔g〕+溶質の質量〔g〕}×100$$

● 物質が水に, とける限度までとけている水溶液を**飽和水溶液**という。

● 一定の量の水に, とける限度まで物質をとかしたときの, とけた溶質の質量を**溶解度**という。

溶解度は, 物質の種類と温度によって決まっている。

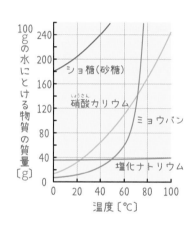

● 水にとけている物質を, 再び結晶としてとり出すことを**再結晶**という。水溶液の温度を下げる方法と, 水を蒸発させる方法がある。

❹ 状態変化

● 物質が固体, 液体, 気体の間で状態を変えることを**状態変化**という。状態変化では, 物質の体積は変化するが, 質量は変化しない。

（ここに注意）
状態変化と体積
同じ質量で比べたときの体積は,
・多くの物質 → 固体<液体<気体
・水 → 液体<固体<気体

● 水の温度変化と状態変化

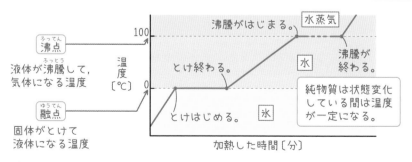

純物質(純粋な物質)
1種類の物質でできているもの
混合物
複数の物質が混ざり合ったもの

● 液体を加熱して沸騰させ, 出てくる気体を冷やして再び液体にして集めることを**蒸留**という。物質によって沸点が異なることを利用し, 蒸留で混合物を分離することができる。

身のまわりの物質

1 3種類の白い粉末A〜Cを区別するために，次の実験を行った。表はその結果である。なお，粉末A〜Cは砂糖，食塩，かたくり粉(デンプン)のいずれかである。これについて，あとの問いに答えなさい。 20点(各4点)

実験Ⅰ 粉末A〜Cをそれぞれ別の試験管に少量入れて，水を加えてよく振り，とけるかどうかを調べた。

実験Ⅱ 粉末A〜Cをそれぞれ燃焼さじにのせてガスバーナーで加熱した。火がついた物質については，石灰水が入った集気びんに

		A	B	C
実験Ⅰ		とけた。	とけた。	ほとんどとけなかった。
実験Ⅱ		燃えた。	燃えなかった。	燃えた。
		石灰水は白くにごった。	－	石灰水は白くにごった。

入れ，火が消えてからとり出した後，ふたをしてよく振り，石灰水の変化を調べた。

(1) 実験Ⅱで，石灰水が白くにごるのは何という気体が発生したためか。（　　　　　）

(2) 火をつけると燃えて，(1)の気体を発生させる物質を何というか。（　　　　　）

(3) 実験Ⅱで，粉末A，Cが燃えているとき，集気びんの内側がくもっていた。このくもりは何か。（　　　　　）

(4) 粉末A，Bはそれぞれ，砂糖，食塩，かたくり粉のうちのどれか。
A（　　　　　） B（　　　　　）

≫ステップ1 **1**

2 図のような装置で，次のようにして気体A〜Cを発生させて，気体を集めた。これについて，あとの問いに答えなさい。 25点(各5点)

〈気体A〉 二酸化マンガンにオキシドールを加える。
〈気体B〉 石灰石にうすい塩酸を加える。
〈気体C〉 亜鉛にうすい塩酸を加える。

水

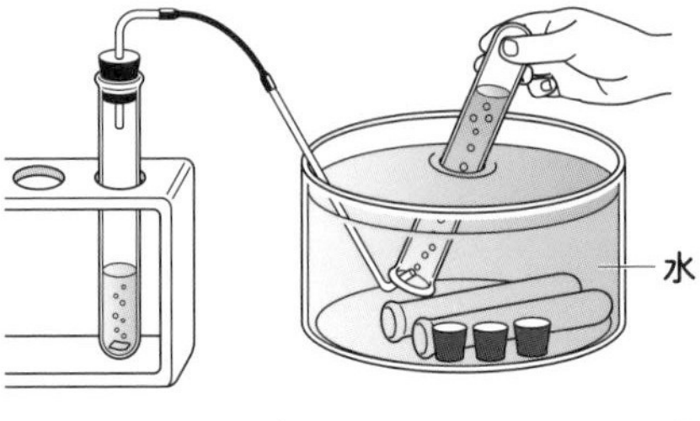

(1) 図のような気体の集め方を何というか。（　　　　　）

(2) 図のような集め方ができるのは，気体A〜Cにどのような共通の性質があるためか。
（　　　　　）

(3) 気体A〜Cのうち，次の①，②の特徴や性質をもつ気体はそれぞれどれか。
① 物質の中でいちばん密度が小さい。（　　　　　）
② 気体を集めた試験管に火のついた線香を入れると，線香が激しく燃える。（　　　　　）

(4) 図のようにして気体を集めるとき，はじめに出てくる気体は集めないほうがよい。その理由を説明しなさい。
（　　　　　）

≫ステップ1 **2**

18

3 グラフは，硝酸カリウム，塩化ナトリウム，ミョウバン
の３種類の物質の，100 g の水にとける質量と温度の
関係を表したものである。これについて，あとの問いに
答えなさい。　　　　　　　　　　　　　　25点(各5点)

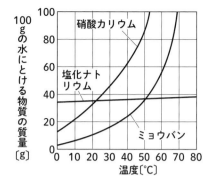

(1) 一定の量の水に，とける限度まで物質をとかしたとき
の，とけた物質の質量を何というか。
　　　　　　　　　　　　　　　　　（　　　　　　　　）

(2) 50℃の水 200 g にミョウバン 60 g を加えてよくかき
混ぜると，ミョウバンはすべてとけるか。　（　　　　　　　　）

(3) 50℃の水 100 g に 80 g の硝酸カリウムを加えてよくかき混ぜると，硝酸カリウムはすべ
てとけた。

　① この水溶液の質量パーセント濃度は何％か。小数第一位を四捨五入して整数で求めな
　　さい。　　　　　　　　　　　　　　　　　　　　　　（　　　　　　　　）

　② この水溶液を 20℃まで冷やすと，およそ何 g の結晶をとり出すことができるか。次
　　の㋐〜㋣から１つ選び，記号で答えなさい。　　　　（　　　　　　　　）
　　　㋐　39 g　　㋑　48 g　　㋒　55 g　　㋣　67 g

(4) 60℃の水 100 g に塩化ナトリウムをとけるだけとかし，水溶液の温度を下げて結晶をと
り出そうとしたが，結晶は現れなかった。塩化ナトリウムの結晶をとり出すには，どのよ
うな操作をすればよいか。　　　（　　　　　　　　　　　　　　　　　　　）

≫ステップ1 ③

4 図のような装置で，水 20 cm³ とエタノール 5 cm³ の
混合物を加熱し，出てきた液体を順に３本の試験管ⓐ
〜ⓒに 3 cm³ ずつ集めた。これについて，あとの問い
に答えなさい。　　　　　　　　　　　　　30点(各5点)

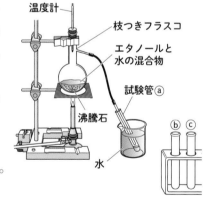

(1) 試験管ⓐ〜ⓒに集めた液体を比べたとき，次の①，②
にあてはまるものは，それぞれどの試験管の液体か。
　① においがもっとも弱い。　　　（　　　　　　　　）
　② マッチの火を近づけたとき，もっともよく燃える。
　　　　　　　　　　　　　　　　　（　　　　　　　　）

(2) 試験管ⓐ〜ⓒを，集めた液体にふくまれるエタノールの割合が大きい順に並べなさい。
　　　　　　　　　　　　　　　　　　（　　　　→　　　　→　　　　）

(3) この実験のように，液体を加熱して沸騰させ，出てくる気体を冷やして再び液体にして集
めることを何というか。　　　　　　　　　　　　　　（　　　　　　　　）

(4) (3)によって混合物を分離できるのは，物質によって何がちがうからか。　（　　　　　　）

(5) この実験では，火を消す前にガラス管を試験管の中の液体からぬいておく必要がある。そ
の理由を説明しなさい。　（　　　　　　　　　　　　　　　　　　　　　　）

≫ステップ1 ④

ヒント　3 (2)水の量が２倍になると，物質がとける量も２倍になる。

2年 ≫ 粒子（物質）

化学変化と原子・分子（1）

❶ 物質の分解

● 1種類の物質が2種類以上の物質に分かれる化学変化を 分解 という。

● 炭酸水素ナトリウムの分解

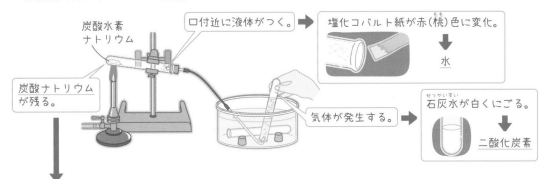

炭酸水素ナトリウム

口付近に液体がつく。 ➡ 塩化コバルト紙が赤（桃）色に変化。 ↓ 水

炭酸ナトリウムが残る。

気体が発生する。 ➡ 石灰水が白くにごる。 ↓ 二酸化炭素

物質名	水へのとけ方	フェノールフタレイン（溶）液との反応
炭酸水素ナトリウム	とけ残る。	淡い赤色
炭酸ナトリウム	すべてとける。	濃い赤色

フェノールフタレイン（溶）液は，アルカリ性の水溶液に入れると赤色に変化する。

● 加熱によって物質を分解することを，熱分解 という。

● 水の分解

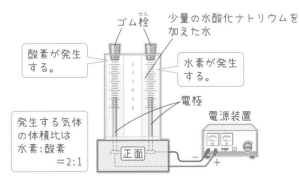

ゴム栓

少量の水酸化ナトリウムを加えた水

酸素が発生する。

水素が発生する。

電極

発生する気体の体積比は水素：酸素 ＝2:1

電源装置

正面

純粋な水は電流が流れにくいので，水酸化ナトリウムを少量加える。

〔ここに注意〕

電気分解のとき，電源の＋極と接続した電極を陽極といい，－極と接続した電極を陰極という。

● 電流を流すことによって物質を分解することを，電気分解（電解）という。

❷ 原子・分子

● 物質をつくっている最小の粒子を 原子 という。

化学変化で，それ以上分けることができない。

化学変化で新しくできたり，種類が変わったり，なくなったりしない。

種類によって，質量や大きさが決まっている。

原子の性質

● 原子が結びついてできる，物質の性質を示す最小の粒子を
分子という。物質には，分子をつくるものと，分子をつく
らないものがある。

> 銀や銅，鉄などの金属や，炭素，塩化ナトリウムなどは分子をつくらない。

● 物質を構成する原子の種類を元素という。

元素名	元素記号	元素名	元素記号	元素名	元素記号
水素	H	炭素	C	銅	Cu
酸素	O	ナトリウム	Na	鉄	Fe
窒素	N	マグネシウム	Mg	銀	Ag

● 化学式は元素記号と数字などを用いて表す。

物質名	水素	酸素	窒素	水	二酸化炭素
分子のモデル	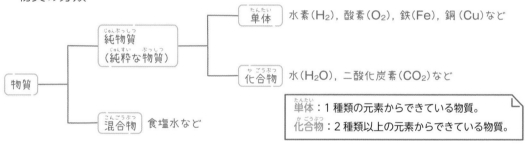				
化学式	H_2	O_2	N_2	H_2O	CO_2

● 物質の分類

物質 ─ 純物質（純粋な物質） ┬ 単体　水素(H_2)，酸素(O_2)，鉄(Fe)，銅(Cu)など
　　　　　　　　　　　　　　└ 化合物　水(H_2O)，二酸化炭素(CO_2)など
　　　 └ 混合物　食塩水など

> 単体：1種類の元素からできている物質。
> 化合物：2種類以上の元素からできている物質。

● 化学変化を化学式で表した式を化学反応式という。

> 〔ここに注意〕
> 化学反応式は，反応の前後で，原子の種類と数を等しくする。

　例　水の分解

$$2H_2O \longrightarrow 2H_2 + O_2$$

水分子が2つあることを示す　　　分子が1つのときは省略

3 いろいろな化学変化(1)

● 鉄粉と硫黄の粉末の混合物を加熱すると，硫化鉄ができる。

> 　　　　　　　　鉄　硫黄　硫化鉄
> 化学反応式：Fe + S ⟶ FeS

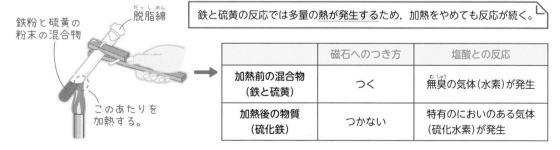

鉄粉と硫黄の粉末の混合物　　脱脂綿

このあたりを加熱する。

> 鉄と硫黄の反応では多量の熱が発生するため，加熱をやめても反応が続く。

	磁石へのつき方	塩酸との反応
加熱前の混合物（鉄と硫黄）	つく	無臭の気体（水素）が発生
加熱後の物質（硫化鉄）	つかない	特有のにおいのある気体（硫化水素）が発生

● 2種類以上の物質が結びつくと，もとの物質とは性質の異なる物質ができる。

化学変化と原子・分子 (1)

時間 30分 目標 70点 得点 点

解答 別冊 p.10

1 図のようにして，炭酸水素ナトリウムを加熱すると，試験管Aの口付近に液体がつき，試験管Bに気体がたまった。これについて，あとの問いに答えよ。

30点(各5点)

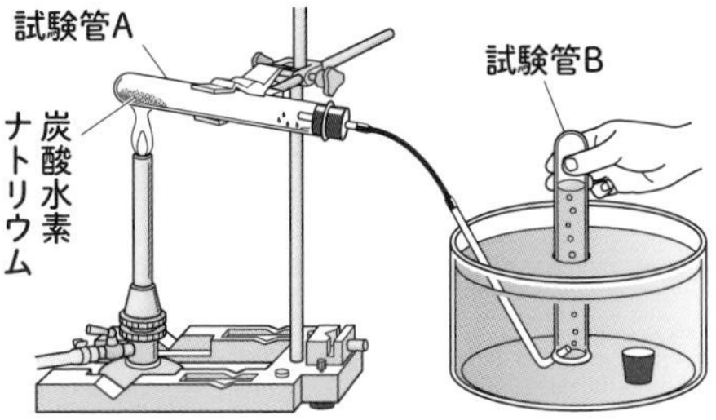

UP (1) 加熱をするとき，試験管Aの口を少し下げる理由を説明しなさい。

( )

(2) 発生した気体を集めた試験管Bに石灰水を入れて振ったところ，石灰水が白くにごった。発生した気体は何か。物質名を答えなさい。 ( )

(3) 塩化コバルト紙を，試験管Aの口付近についた液体につけた。塩化コバルト紙は，何色から何色に変化したか。次の㋐～㋒から1つ選び，記号で答えなさい。 ( )

㋐ 赤(桃)色から青色　㋑ 青色から白色　㋒ 青色から赤(桃)色

(4) 試験管Aの口付近についた液体は何か。物質名を答えなさい。 ( )

(5) 実験後，試験管Aに残った白い固体を水にとかし，フェノールフタレイン(溶)液を入れたところ，濃い赤色に変化した。

① 白い固体の水溶液は何性であることがわかるか。次の㋐～㋓から1つ選び，記号で答えなさい。 ( )

㋐ 弱い酸性　㋑ 強い酸性　㋒ 弱いアルカリ性　㋓ 強いアルカリ性

② この白い固体は何か。物質名を答えなさい。 ( )

≫ステップ1 [1]

2 図のような装置を使って水に電流を流すと，どちらの極からも気体が発生した。これについて，あとの問いに答えよ。

20点(各4点)

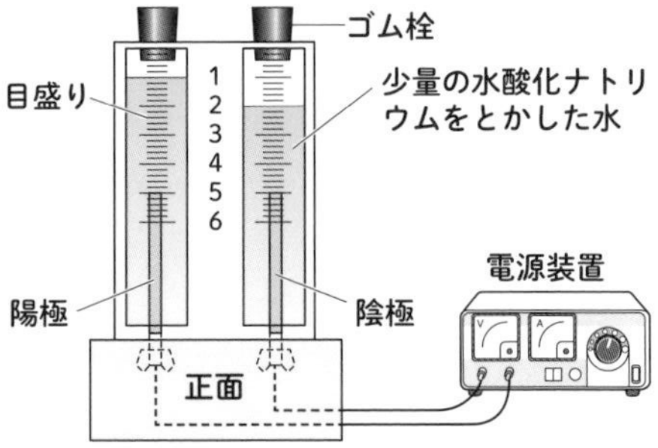

UP (1) 水に少量の水酸化ナトリウムをとかしたのはなぜか。その理由を説明しなさい。

( )

(2) それぞれの極から発生した気体の性質として適当なものを，次の㋐～㋓からそれぞれ1つ選び，記号で答えなさい。

陽極( )　陰極( )

㋐ 火のついた線香を入れると，線香が激しく燃える。

㋑ 水で湿らせた青色リトマス紙を入れると，リトマス紙が赤色に変化する。

㋒ 石灰水に通すと，石灰水が白くにごる。

㋓ マッチの火を近づけると，気体が音を立てて燃える。

(3)　この実験のように，電流を流すことによって物質を分解することを何というか。
(　　　　　)

(4)　この実験で起こった化学変化の化学反応式として適当なものを，次の㋐～㋓から1つ選び，記号で答えなさい。　(　　　　　)

㋐　$H_2O \longrightarrow H_2 + O_2$　　㋑　$H_2O \longrightarrow 2H_2 + O_2$
㋒　$2H_2O \longrightarrow 2H_2 + O_2$　　㋓　$2H_2O \longrightarrow 2H_2 + 2O_2$

≫ステップ1 [1,2]

3　図のA～Dは，物質の分子をモデルで表したもので，Aは水素分子，Bは酸素分子，Dは二酸化炭素分子を表している。これについて，あとの問いに答えよ。　30点(各5点)

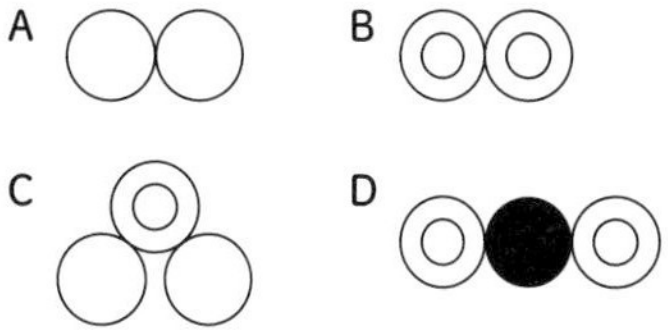
A
B
C
D

(1)　Aの○，Bの◎，Dの●は，それぞれ何を表しているか。
○(　　　　　)　◎(　　　　　)　●(　　　　　)

(2)　Cのモデルは何を表しているか。物質名を答えなさい。　(　　　　　)

(3)　Dを化学式で表しなさい。　(　　　　　)

(4)　A～Dのうち，化合物であるものをすべて選び，記号で答えなさい。　(　　　　　)

≫ステップ1 [2]

4　鉄と硫黄の混合物を加熱する実験を行った。これについて，あとの問いに答えよ。　20点(各4点)

図1

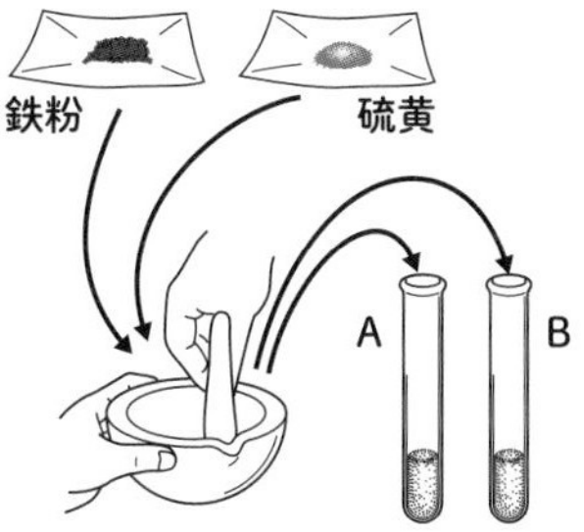
鉄粉
硫黄
A
B

図2

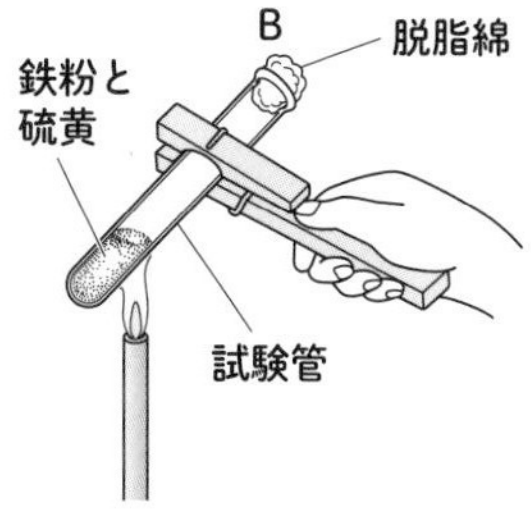
B
脱脂綿
鉄粉と硫黄
試験管

［実験］①　図1のように，鉄粉と硫黄を混ぜ，試験管AとBに分けた。

②　図2のように，試験管Bの混合物を加熱し，赤く色が変わりはじめたところで加熱をやめて，変化のようすを観察した。

③　試験管A，Bに磁石を近づけた。また，試験管Aの混合物と，加熱後の試験管Bの物質を少量とり，それぞれうすい塩酸を2，3滴加えた。

[UP] (1)　実験②で，途中で加熱をやめても，そのまま反応が続いた。この理由を説明しなさい。
(　　　　　　　　　　　　　　　　　　　　)

(2)　実験③で，磁石を近づけたとき，磁石に引きつけられたのは，試験管AとBのどちらか。
(　　　　　)

(3)　実験③で，加熱後の試験管Bの物質にうすい塩酸を加えたときの変化として適当なものを，次の㋐～㋒から1つ選び，記号で答えなさい。　(　　　　　)

㋐　においのない気体が発生した。　㋑　卵の腐ったようなにおいの気体が発生した。
㋒　黄緑色の気体が発生した。

(4)　加熱後の試験管Bにできた物質は何か。物質名を書きなさい。　(　　　　　)

(5)　実験②で起こった化学変化を，化学反応式で表しなさい。　(　　　　　)

≫ステップ1 [3]

化学変化と原子・分子 (2)

❶ いろいろな化学変化(2)

● 物質が酸素と結びつく化学変化を**酸化**といい，酸化によってできた物質を**酸化物**という。

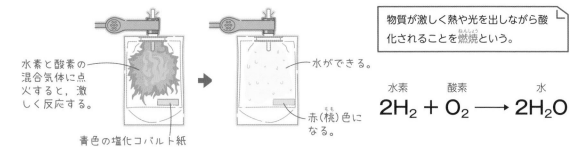

水素と酸素の混合気体に点火すると，激しく反応する。

青色の塩化コバルト紙

水ができる。

赤(桃)色になる。

> 物質が激しく熱や光を出しながら酸化されることを**燃焼**という。

$$水素 \quad 酸素 \quad\quad 水$$
$$2H_2 + O_2 \longrightarrow 2H_2O$$

銅粉　ステンレス皿　　　　　　　酸化銅

12.00g　　加熱する。　　14.72g

> 結びついた酸素の分だけ質量がふえる。

$$銅 \quad 酸素 \quad\quad 酸化銅$$
$$2Cu + O_2 \longrightarrow 2CuO$$

● 酸化物から酸素がうばわれる化学変化を**還元**という。還元と酸化は同時に起こる。

● 酸化銅の還元

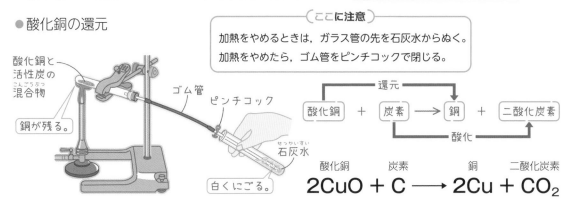

酸化銅と活性炭の混合物

銅が残る。

ゴム管　ピンチコック

石灰水

白くにごる。

ここに注意
加熱をやめるときは，ガラス管の先を石灰水からぬく。
加熱をやめたら，ゴム管をピンチコックで閉じる。

還元
酸化銅 ＋ 炭素 ⟶ 銅 ＋ 二酸化炭素
酸化

$$酸化銅 \quad 炭素 \quad\quad 銅 \quad 二酸化炭素$$
$$2CuO + C \longrightarrow 2Cu + CO_2$$

❷ 化学変化と熱

● 熱が発生して温度が上がる化学変化を**発熱反応**という。

食塩水をしみこませた半紙

鉄粉　　　活性炭

よく振りまぜる。

温度が上がる。

> その他の発熱反応の例
> ・鉄と硫黄の反応
> ・酸化カルシウムと水の反応

● 熱を吸収して温度が下がる化学変化を<u>吸熱反応</u>という。

その他の吸熱反応の例
炭酸水素ナトリウムとクエン
酸の反応

❸ 化学変化と物質の質量

● 化学変化の前後で，<u>物質全体の質量は変わらない</u>。これを<u>質量保存の法則</u>という。

● 沈殿ができる化学変化

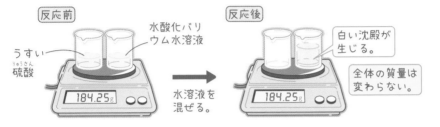

● 気体が発生する化学変化

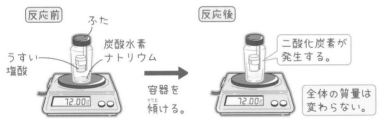

ここに注意

ふたを開けると，<u>気体の一部が外に逃げるので，全体の質量は減る</u>。

● 化学変化に関係する物質の質量の比は<u>常に一定</u>である。

● 反応する物質の質量の割合

空気中で銅粉を加熱すると，酸化銅ができる。
このとき，銅と酸素の質量の比は，常に
<u>4 : 1</u> になる。

空気中でけずり状のマグネシウムを加熱すると，
酸化マグネシウムができる。このとき，マグネ
シウムと酸素の質量の比は，常に <u>3 : 2</u> になる。

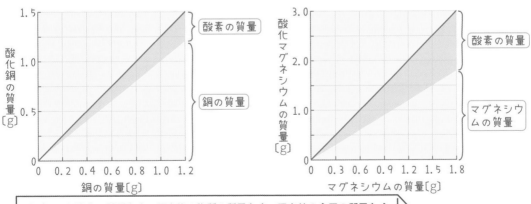

結びついた酸素の質量〔g〕＝反応後の物質の質量〔g〕－反応前の金属の質量〔g〕

化学変化と原子・分子 (2)

1 銅の粉末を用いて，次のような実験を行った。これについて，あとの問いに答えよ。　24点(各4点)

図1　銅の粉末　ステンレス皿

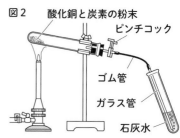

図2　酸化銅と炭素の粉末　ピンチコック　ゴム管　ガラス管　石灰水

〔実験Ⅰ〕　図1のように，ステンレス皿に銅の粉末をのせて，ガスバーナーでじゅうぶんに加熱すると，銅の粉末は黒色に変わり，酸化銅に変化したことがわかった。

〔実験Ⅱ〕　実験Ⅰで得られた酸化銅を炭素の粉末とよく混ぜ合わせ，図2のように，試験管に入れて加熱し，石灰水の変化を観察した。気体が発生しなくなったところで，ガラス管を石灰水からぬき，ゴム管をピンチコックで閉じた。

(1)　実験Ⅰで，銅は空気中の何と結びついたか。物質名を答えなさい。　（　　　　　　）

(2)　物質が(1)と結びつく化学変化を何というか。　（　　　　　　）

(3)　実験Ⅱで，石灰水にはどのような変化が起こるか。　（　　　　　　　　　　　）

(4)　実験Ⅱで，酸化銅に起こった化学変化を何というか。　（　　　　　　）

(5)　実験Ⅱで起こった化学変化を，化学反応式で表しなさい。
　　　　　　　　　　　　　　　（　　　　　　　　　　　）

(6)　実験Ⅱで，下線部のような操作をするのはなぜか。その理由を説明しなさい。
　　（　　　　　　　　　　　　　　　　　　　　　　　　　　　）

》ステップ1 **1**

2 図のように，鉄粉と活性炭を入れた厚手のポリエチレンの袋に，食塩水をしみこませた半紙を入れて，よく振り混ぜたところ，袋がだんだん熱くなっていった。これについて，あとの問いに答えよ。　21点(各7点)

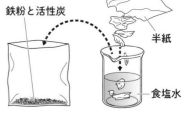

鉄粉と活性炭　半紙　食塩水

(1)　次の文は，この実験で袋が熱くなった理由について述べたものである。□□にあてはまることばを書きなさい。
　　　　　　　　　　　　　　　　　　（　　　　　　）

　　袋の中で，鉄が空気中の酸素と結びついて□□□□になるときに熱が発生したから。

(2)　この実験のように，熱が発生して温度が上がる化学変化を何というか。
　　　　　　　　　　　　　　　　　（　　　　　　）

(3)　(2)とは反対に，熱を吸収してまわりの温度が下がる化学変化を何というか。
　　　　　　　　　　　　　　　　　（　　　　　　）

》ステップ1 **1** **2**

3 **図のように，密閉した容器にうすい塩酸と炭酸水素ナトリウムを入れて質量をはかると，95.0 g であった。次に，容器を傾けて塩酸と炭酸水素ナトリウムを反応させた。これについて，あとの問いに答えよ。** 25点(各5点)

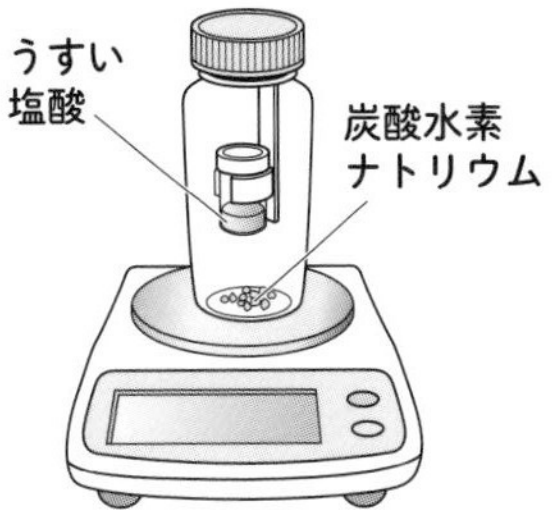

(1) 塩酸と炭酸水素ナトリウムの化学変化によって発生する気体は何か。物質名と化学式を答えなさい。

物質名(　　　　　　　　)　化学式(　　　　　)

(2) 反応後の容器全体の質量は，反応前と比べてどうなるか。次の㋐～㋒から1つ選び，記号で答えなさい。(　　　)

㋐ 小さくなる。　㋑ 変わらない。　㋒ 大きくなる。

[UP] (3) (2)のような結果になる理由を説明しなさい。

(　　　　　　　　　　　　　　　　　　　　　　　　　　)

(4) 容器のふたを開け，しばらくしてから再びふたをして容器全体の質量を調べると，容器全体の質量は，容器のふたを開ける前と比べてどうなると考えられるか。(2)の㋐～㋒から1つ選び，記号で答えなさい。(　　　)

≫ステップ1 [3]

4 **図1のように，ステンレス皿にけずり状のマグネシウムを 0.3 g のせてじゅうぶんに加熱し，加熱後の物質の質量をはかった。同じ操作を，加熱するマグネシウムの質量を変えて行い，その結果を表にまとめた。これについて，あとの問いに答えよ。** 30点(各6点)

図1

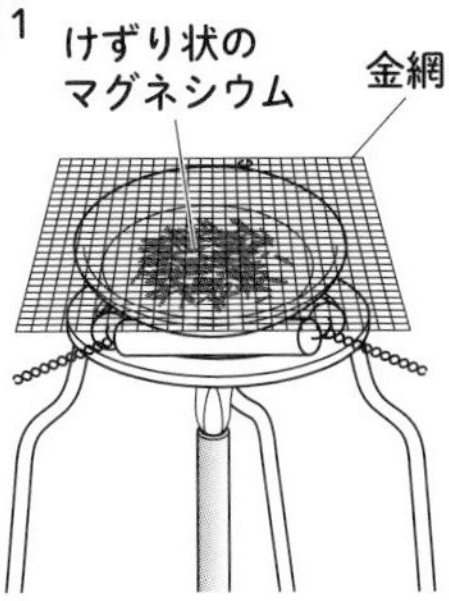

加熱前の質量〔g〕	0.3	0.6	0.9	1.2	1.5
加熱後の質量〔g〕	0.5	1.0	1.5	2.0	2.5

(1) 加熱後にできる物質は何か。物質名を書きなさい。(　　　　　　　)

(2) マグネシウムの質量と，結びついた酸素の質量との関係を表すグラフを，図2にかきなさい。

(3) 2.1 g のマグネシウムをじゅうぶんに加熱したとき，結びつく酸素の質量は何 g か。(　　　　)

(4) 3.0 g のマグネシウムをじゅうぶんに加熱したときにできる物質の質量は何 g か。(　　　　)

図2

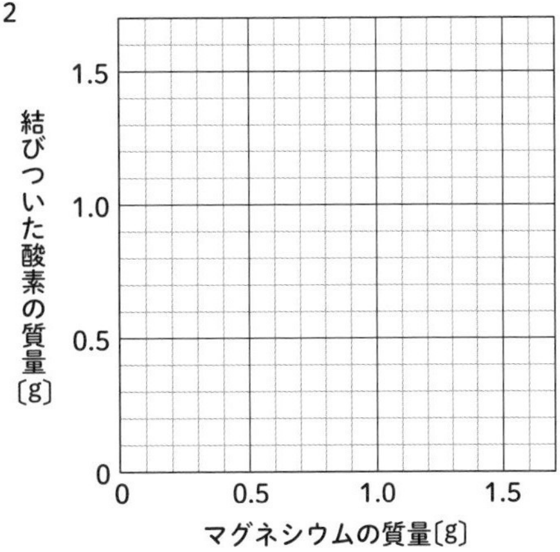

[UP] (5) 1.8 g のマグネシウムを加熱したところ，じゅうぶんに加熱しなかったため，できた物質の質量は 2.82 g であった。このとき，反応せずに残っているマグネシウムの質量は何 g か。(　　　　)

≫ステップ1 [3]

ヒント 4 (2)加熱後の質量から加熱前の質量を引いた差が，結びついた酸素の質量である。

化学変化とイオン

❶ 水溶液とイオン

● 水にとかしたとき,その水溶液に電流が流れる物質を<u>電解質</u>といい,<u>電流が流れない物質</u>を<u>非電解質</u>という。

● 塩酸の電気分解

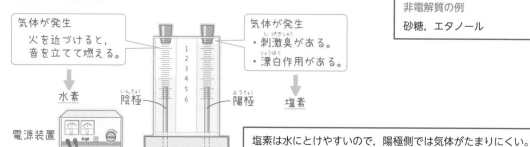

気体が発生
火を近づけると,
音を立てて燃える。

気体が発生
・刺激臭がある。
・漂白作用がある。

水素　陰極　陽極　塩素

電源装置

塩素は水にとけやすいので,陽極側では気体がたまりにくい。

● 原子が電気を帯びたものを**イオン**といい,そのうち,<u>＋の電気を帯びたものを陽イオン</u>,<u>－の電気を帯びたものを陰イオン</u>という。

原子の構造(ヘリウム原子)

原子核
陽子
中性子
電子

原子が電子を失うと陽イオンになり,電子を受けとると陰イオンになる。

おもな陽イオンと化学式		おもな陰イオンと化学式	
水素イオン	H^+	塩化物イオン	Cl^-
ナトリウムイオン	Na^+	水酸化物イオン	OH^-
銅イオン	Cu^{2+}	硫酸イオン	$SO_4{}^{2-}$

● 電解質が水にとけて,陽イオンと陰イオンに分かれることを<u>電離</u>という。

塩化水素の電離：$HCl \longrightarrow H^+ + Cl^-$

❷ 酸・アルカリとイオン

● 酸性,中性,アルカリ性の性質

	酸性	中性	アルカリ性
青色リトマス紙	赤色に変化	変化なし	変化なし
赤色リトマス紙	変化なし	変化なし	青色に変化
BTB(溶)液	黄色	緑色	青色
フェノールフタレイン(溶)液	変化なし	変化なし	赤色に変化
亜鉛との反応	水素が発生	変化なし	変化なし

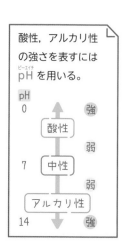

酸性,アルカリ性の強さを表すにはpHを用いる。

pH
0　強
酸性
弱
7　中性
弱
アルカリ性
14　強

● 水溶液中で電離して，水素イオン H^+ を生じる物質を<u>酸</u>といい，水酸化物イオンOH^-を生じる物質を**アルカリ**という。

● 水素イオンと水酸化物イオンから<u>水</u>が生じることにより，酸とアルカリがたがいの性質を打ち消し合う反応を<u>中和</u>という。

例 塩酸と水酸化ナトリウムの中和

$$HCl \quad + \quad NaOH \quad \longrightarrow \quad NaCl \quad + \quad H_2O$$
塩化水素　　　水酸化ナトリウム　　　塩化ナトリウム　　　水
　　　　　　　　　　　　　　　　　　　塩

> アルカリの陽イオンと，酸の陰イオンが結びついてできた物質を<u>塩</u>という。

● 水酸化ナトリウム水溶液に塩酸を加えていったときのようす

> （ここに注意）
> 中和が起こっても，OH^- が残っていればアルカリ性。

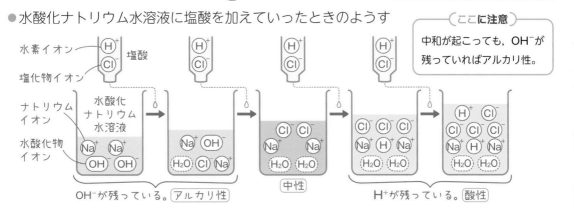

❸ 化学変化とイオン

● 金属の<u>種類</u>によって，イオンへのなりやすさにちがいがある。

例 マグネシウム＞亜鉛＞銅

● 化学変化を利用して，物質がもっている化学エネルギーを電気エネルギーに変換してとり出す装置を<u>電池（化学電池）</u>という。

● ダニエル電池のしくみ

> （ここに注意）
> 電流の向きは，電子の移動の向きと逆向きである。

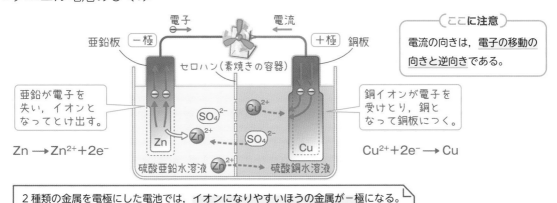

亜鉛が電子を失い，イオンとなってとけ出す。

銅イオンが電子を受けとり，銅となって銅板につく。

$$Zn \longrightarrow Zn^{2+} + 2e^-$$
硫酸亜鉛水溶液

$$Cu^{2+} + 2e^- \longrightarrow Cu$$
硫酸銅水溶液

2種類の金属を電極にした電池では，**イオンになりやすいほうの金属が－極**になる。

● 水の電気分解と逆の化学変化を利用して，<u>水素</u>と<u>酸素</u>がもつ化学エネルギーを<u>電気</u>エネルギーとしてとり出す装置を<u>燃料電池</u>という。

> 燃料電池は，有害な排出ガスが出ないため，環境に対する悪影響が少ないと考えられている。

時間 30分 目標 70点 得点 点

解答 [別冊] p.14

化学変化とイオン

1 図のような装置を組み立て，次のA〜Eの水溶液に電流が流れるかを調べた。これについて，あとの問いに答えよ。 20点(各5点)

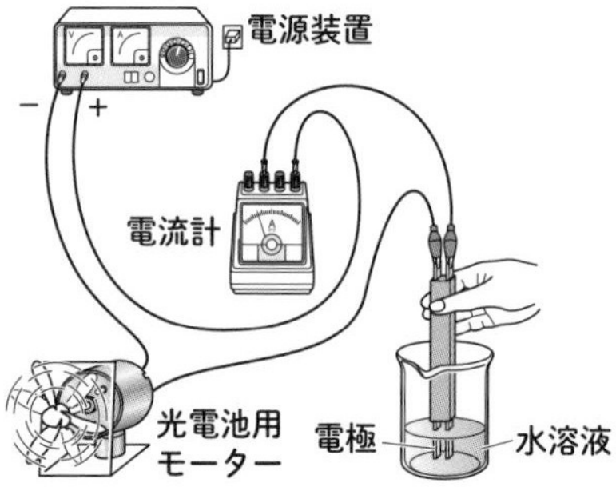

A　塩酸	B　砂糖水
C　エタノールの水溶液	D　塩化銅水溶液
E　水酸化ナトリウム水溶液	

[UP] (1) この実験で，調べる水溶液をかえるとき，電極にどのような操作をする必要があるか。
( )

(2) 電流が流れた水溶液を，A〜Eからすべて選び，記号で答えなさい。 ( )

(3) (2)の水溶液中にあって，電流が流れる原因となるものは何か。 ( )

(4) 物質が，水溶液中で(3)になることを何というか。 ( )

≫ステップ1 [1]

2 図は，ヘリウム原子のつくりを模式的に表したものである。これについて，あとの問いに答えよ。 25点(各5点)

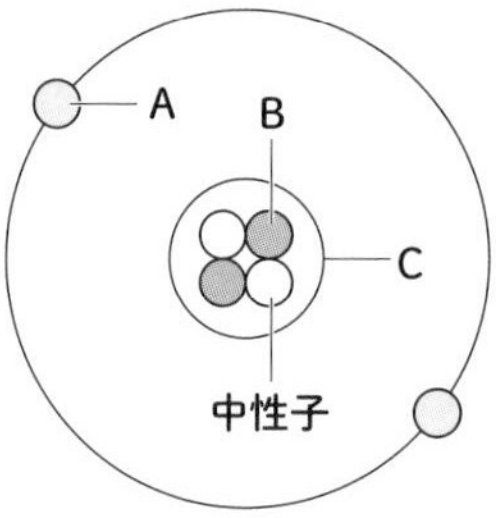

(1) A，B，Cをそれぞれ何というか。
A( ) B( ) C( )

(2) A，B，Cのうち，−の電気をもっているものはどれか。記号で答えなさい。 ( )

(3) 原子全体では，電気の帯び方はどのようになっているか。次の㋐〜㋒から1つ選び，記号で答えなさい。 ( )

㋐ ＋の電気を帯びている。　㋑ −の電気を帯びている。

㋒ ＋，−のどちらの電気も帯びていない。

≫ステップ1 [1]

3 図のように，うすい塩酸をビーカーに10 cm^3とり，緑色のBTB(溶)液を数滴加えたあと，うすい水酸化ナトリウム水溶液をこまごめピペットで2 cm^3ずつ加えていき，色の変化のようすを観察した。表は，その結果をまとめたものである。これについて，あとの問いに答えよ。 25点(各5点)

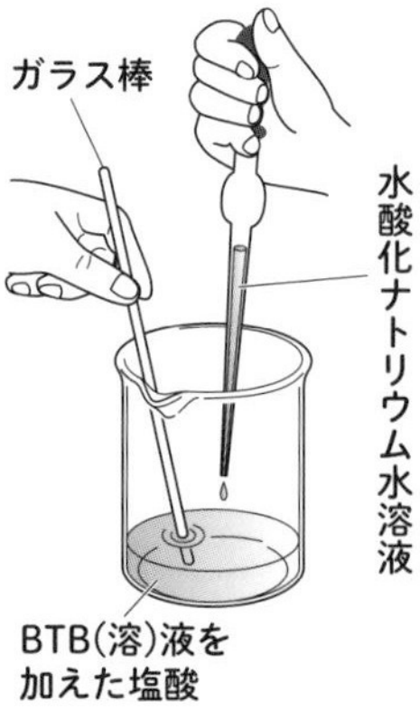

水酸化ナトリウム水溶液〔cm^3〕	0	2	4	6	8	10
水溶液の色	黄	黄	黄	緑	X	青

(1) 表のXにあてはまる色は何か。 ( )

(2) この実験では，塩酸と水酸化ナトリウム水溶液がたがいの性質を打ち消し合う化学変化が起こっている。

　① この反応を何というか。　　　　　　　　　　　　　　　　（　　　　　　）

　② この実験で起こった化学変化を，化学反応式で表しなさい。

　　　　　　　　　　　　　　　　（　　　　　　　　　　　　　　　　　　）

(3) 水酸化ナトリウム水溶液を $6\,cm^3$ 加えたときの水溶液をスライドガラスの上に数滴落とし，おだやかに加熱して水を蒸発させると，白い固体が残った。この固体は何か。物質名を答えなさい。　　　　　　　　　　　　　　　　　　　　　（　　　　　　　　　　）

(4) 水酸化ナトリウム水溶液を加えていったときの，水酸化物イオンの数の変化を表したものとしてもっとも適当なものを次の⑦〜⑤から1つ選び，記号で答えなさい。（　　　　　）

⑦

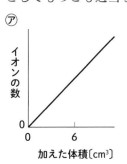

⑦

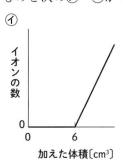

⑦

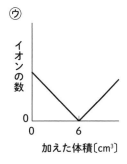

⑤

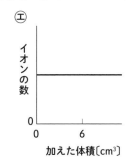

»ステップ1 2

第7回

4　図のような装置を用いて，硫酸銅水溶液に銅板を，硫酸亜鉛水溶液に亜鉛板を入れて光電池用モーターにつないだところ，プロペラが回った。また，実験後の金属板を調べると，亜鉛板は表面がぼろぼろになっており，銅板には新たな銅が付着していた。これについて，あとの問いに答えよ。　　　　30点(各5点)

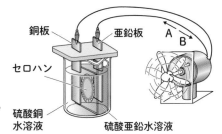

(1) この実験のように，化学変化を利用して，物質がもっている化学エネルギーを電気エネルギーに変換してとり出す装置を何というか。　　　　　　　　（　　　　　　）

(2) この実験から，銅と亜鉛では，どちらがイオンになりやすいことがわかるか。

　　　　　　　　　　　　　　　　　　　　　　　　　　　　　（　　　　　　）

(3) 銅板と亜鉛板で，＋極になったのはどちらか。　　　　　　　（　　　　　　）

(4) 電流が流れる向きは，図のAとBのどちらか。　　　　　　　（　　　　　　）

(5) 銅板と亜鉛板では，それぞれどのような化学変化が起こったか。次の⑦〜⑤からそれぞれ1つ選び，記号で答えなさい。ただし，電子は e^- を使って表すものとする。

　　　　　　　　　　　　　　　　　銅板（　　　　　）　亜鉛板（　　　　　）

　⑦　$Zn \longrightarrow Zn^{2+} + 2e^-$　　　　⑦　$Zn^{2+} + 2e^- \longrightarrow Zn$

　⑦　$Cu \longrightarrow Cu^{2+} + 2e^-$　　　　⑤　$Cu^{2+} + 2e^- \longrightarrow Cu$

»ステップ1 3

ヒント 3 (4)水酸化物イオンは，塩酸中の水素イオンと結びついて水になる。

　　　　4 (4)電流の向きは，電子の移動の向きと逆である。

第 **8** 回
ステップ **1**

1年 » 地球

大地の成り立ちと変化

❶ 身近な地形や地層，岩石の観察

- 地球の表面は，厚さ 100 km 程度のプレートというかたい岩盤におおわれている。

- 大地が大きな力を受けると，しゅう曲や断層ができることがある。

しゅう曲　　　　　　　断層

- 地層はおもに，流水で運ばれた土砂が海底などで積もることでできる。

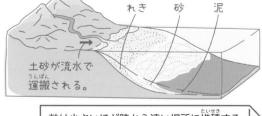

土砂が流水で運搬される。

れき　砂　泥

粒は小さいほど陸から遠い場所に堆積する。

ここに注意

土砂は，粒の大きさ（直径）によって区別される。

れき	2 mm 以上
砂	2 mm ～ $\frac{1}{16}$ mm
泥	$\frac{1}{16}$ mm 以下

※ $\frac{1}{16}$ mm は約 0.06 mm

- 堆積岩のつくりや性質

	れき岩	砂岩	泥岩	石灰岩	チャート	凝灰岩
堆積物	れき	砂	泥	生物の遺骸や，水にとけていた成分が堆積したもの		火山噴出物
特徴	粒は丸みを帯びていることが多い。（運搬される間に角がけずられるため）			塩酸をかけると，二酸化炭素が発生する。	塩酸をかけても，気体は発生しない。	粒は角ばっている。

❷ 地層の重なりと過去のようす

- 地層ができた当時の環境を知ることができる化石を示相化石という。

> サンゴ→あたたかくて浅い海
> シジミ→海水と河川の水が混じるところ

- 地層が堆積した年代（地質年代）を知ることができる化石を示準化石という。

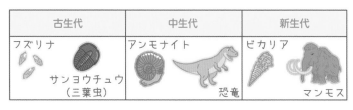

古生代	中生代	新生代
フズリナ　サンヨウチュウ（三葉虫）	アンモナイト　恐竜	ビカリア　マンモス

柱状図

ある地域の地層の特徴や重なり方を柱状に表したもの。

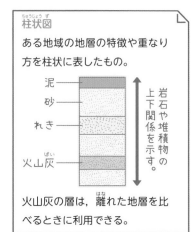

泥
砂
れき
火山灰

岩石や堆積物の上下関係を示す。

火山灰の層は，離れた地層を比べるときに利用できる。

❸ 火山

● 火山の形や噴火のようすは，マグマのねばりけに関係している。

マグマのねばりけ	小さい　←――――――――――――――→　大きい		
火山の形	傾斜がゆるやかな火山	円すい形の火山	ドーム状の火山
溶岩の色	黒っぽい　←――――――――――――――→　白っぽい		
噴火のようす	おだやか　←――――――――――――――→　激しい		
火山の例	マウナロア	桜島	昭和新山

● マグマが冷え固まってできた岩石を**火成岩**という。でき方のちがいによって**火山岩**と**深成岩**に分けられる。

	火山岩	深成岩
でき方	地表や地表付近で急に冷え固まってできる。	地下の深いところでゆっくりと冷え固まってできる。
つくり	斑状組織　斑晶　石基	等粒状組織

火成岩の種類
火山岩
玄武岩
安山岩
流紋岩

深成岩
斑(はん)れい岩
せん(閃)緑岩
花こう(崗)岩

第8回

❹ 地震

● 地震が発生した場所を**震源**といい，震源の真上の地点を**震央**という。

● 地震計のゆれ

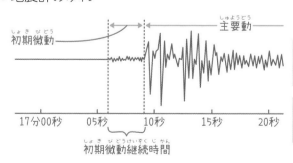
初期微動　主要動　初期微動継続時間
17分00秒　05秒　10秒　15秒　20秒

（ここに注意）
震度は地震のゆれの大きさを表し，マグニチュードは地震の規模(エネルギー)を表す。

初期微動を伝える波を P 波，主要動を伝える波を S 波という。

震源からの距離が遠いほど，初期微動継続時間は長くなる。

● 日本付近では，海洋プレート(海のプレート)が大陸プレート(陸のプレート)の下に沈みこむため，地下の岩盤に巨大な力がはたらき，大きな地震が起きやすい。

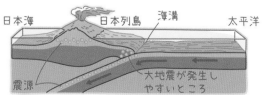
日本海　日本列島　海溝　太平洋　震源　大地震が発生しやすいところ

大地の成り立ちと変化

時間 30分　目標 70点　得点 　点

解答 別冊 p.16

1 **図は，あるがけで見られた地層のようすをスケッチしたものである。これについて，あとの問いに答えよ。** 25点(各5点)

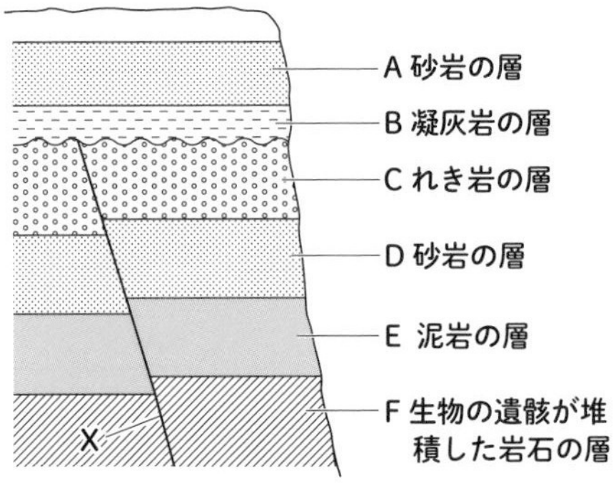

A 砂岩の層
B 凝灰岩の層
C れき岩の層
D 砂岩の層
E 泥岩の層
F 生物の遺骸が堆積した岩石の層
X

(1) Xのような地層のずれを何というか。（　　　）

(2) れき岩，砂岩，泥岩は，岩石を構成する粒の何によって区別されるか。次の[ア]～[エ]から1つ選び，記号で答えなさい。（　　　）

[ア] 粒の色　[イ] 粒の形　[ウ] 粒の大きさ　[エ] 粒のかたさ

[UP] (3) このがけの地層ができる過程で，火山活動があったことがわかる。その理由を説明しなさい。（　　　）

(4) C，D，Eの層ができる間に，海面の高さはどのように変化したと考えられるか。次の[ア]～[エ]から1つ選び，記号で答えなさい。（　　　）

[ア] だんだん高くなった。　[イ] だんだん低くなった。
[ウ] 一度高くなった後，低くなった。　[エ] 一度低くなった後，高くなった。

(5) Fの層の岩石にうすい塩酸をかけたところ，気体が発生した。この岩石を何というか。（　　　）

≫ステップ1 [1]

2 **ある土地の地層の調査で，図のような化石が見つかった。これについて，あとの問いに答えよ。** 20点(各5点)

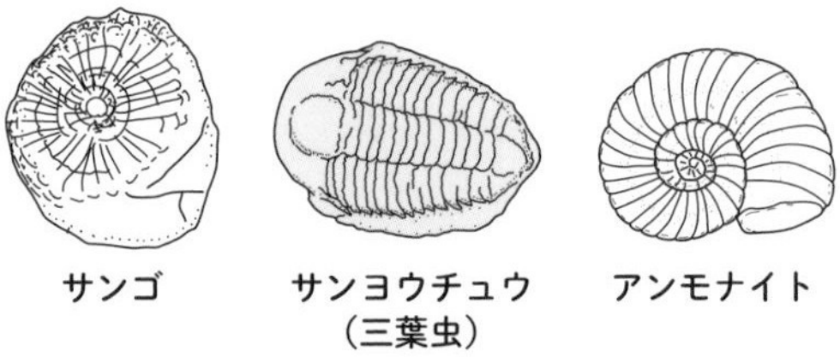

サンゴ
サンヨウチュウ
（三葉虫）
アンモナイト

(1) サンゴの化石をふくむ地層が堆積した当時，この土地はどのような環境であったと考えられるか。（　　　）

(2) サンヨウチュウの化石をふくむ地層が堆積した地質年代を，次の[ア]～[ウ]から1つ選び，記号で答えなさい。（　　　）

[ア] 古生代　[イ] 中生代　[ウ] 新生代

(3) アンモナイトと同じ時代に生きていた生物を，次の[ア]～[エ]から1つ選び，記号で答えなさい。（　　　）

[ア] フズリナ　[イ] 恐竜　[ウ] ビカリア　[エ] ナウマンゾウ

(4) サンヨウチュウやアンモナイトのように，地層が堆積した時代を知る手がかりとなる化石を何というか。（　　　）

≫ステップ1 [2]

3 図1は，代表的な3つの火山の形を模式的に表したもので，図2は，マグマが冷え固まってできた2種類の岩石のつくりを表している。これについて，あとの問いに答えよ。

30点(各5点)

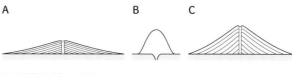

図1

A　　　　　B　　　C

図2

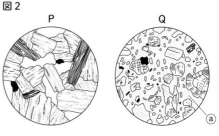

P　　　　　Q

ⓐ

(1) 図1の火山のうち，ねばりけの小さいマグマによってつくられた火山はどれか。A〜Cから1つ選び，記号で答えなさい。（　　　　　）

(2) 図1で噴火のようすがもっとも激しくなる火山はどれか。A〜Cから1つ選び，記号で答えなさい。（　　　　　）

(3) 図2のPの岩石は，どのようにしてできたか。できた場所と時間にふれて答えなさい。
（　　　　　　　　　　　　　　　　　　　　　　　　　　　　　　）

(4) 図2のQの岩石のつくりを何というか。また，小さい粒の部分ⓐを何というか。
つくり（　　　　　）　ⓐの名称（　　　　　）

(5) 図2のP，Qのうち，安山岩はどちらか。記号で答えなさい。（　　　　　）

》ステップ1 **3**

4 表は，ある地震における，はじめにくる小さなゆれXと，あとからくる大きなゆれYがはじまった時刻を，観測地点ごとにまとめたものである。これについて，あとの問いに答えよ。

25点(各5点)

	震源からの距離	ゆれXがはじまった時刻	ゆれYがはじまった時刻
A	40 km	8時5分20秒	8時5分25秒
B	64 km	8時5分23秒	8時5分31秒
C	120 km	8時5分30秒	8時5分45秒

(1) ゆれXを何というか。（　　　　　）

(2) ゆれYを起こす波を何というか。（　　　　　）

(3) この地震における(2)の波が伝わる速さは，何 km/s か。（　　　　　）

(4) この地震の発生時刻は，何時何分何秒と考えられるか。（　　　　　）

(5) 震度やマグニチュードについての説明として正しいものを，次の㋐〜㋒から1つ選び，記号で答えなさい。（　　　　　）

　㋐ 震源からの距離が同じ地点では，震度も必ず同じになる。

　㋑ マグニチュードは地震そのものの規模を表す。

　㋒ 震度が1ふえると，地震のエネルギーは約32倍になる。

》ステップ1 **4**

ヒント 3 (1)マグマのねばりけが小さいと，溶岩は流れやすくなり，広がるように流れる。
　　　4 (3)「速さ＝距離÷時間」で求める。

気象とその変化

❶ 気象観測

● 単位面積あたりの面を垂直に押す力の大きさを圧力という。単位はパスカル（記号 Pa）。

$$圧力〔Pa〕＝\frac{力の大きさ〔N〕}{力がはたらく面積〔m^2〕}$$

● 大気圧（気圧）はあらゆる面からはたらき，標高が高い場所ほど小さい。単位はヘクトパスカル（記号 hPa）。

● 空全体を 10 としたとき，雲量が 0 〜 1 は快晴，2 〜 8 は晴れ，9 〜 10 はくもり。

● 風向は，風のふいてくる方向を 16 方位で表す。

● 乾湿計は，地上から 1.5 m ぐらいの風通しのよい日かげで測定する。

天気	快晴	晴れ	くもり
記号	◯	◐	◎

天気	雨	雪
記号	●	⊗

晴れの日の天気
・日の出とともに気温が上がり，午後 2 時ごろ最高になる。
・気温が上がると湿度が下がり，気温が下がると湿度が上がる。
雨やくもりの日の天気
・気温，湿度ともに変化が少ない。

天気図記号

天気：晴れ
風力：4
風向：南西

❷ 雲のでき方

● 一定の体積の空気中にふくむことができる水蒸気の最大量を飽和水蒸気量という。

● 空気が冷やされて，空気にふくまれていた水蒸気が水滴に変わりはじめる温度を露点という。

$$湿度〔\%〕＝\frac{空気 1 m^3 中にふくまれる水蒸気量〔g/m^3〕}{その温度での飽和水蒸気量〔g/m^3〕}×100$$

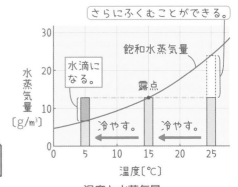

温度と水蒸気量

● 雲のでき方

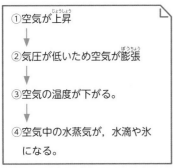

①空気が上昇
↓
②気圧が低いため空気が膨張
↓
③空気の温度が下がる。
↓
④空気中の水蒸気が，水滴や氷になる。

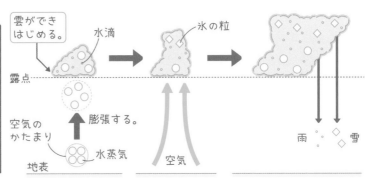

❸ 大気の動き

● 等圧線が閉じていて，中心の気圧がまわりよ
り高いところを高気圧，まわりより低いとこ
ろを低気圧という。

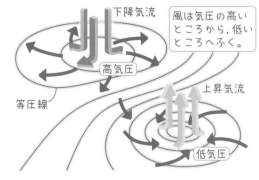

> 等圧線
> ・4 hPa ごとに引かれ，20 hPa ごとに太い線になる。
> ・等圧線の間隔がせまいところほど，強い風がふく。

● 寒冷前線と温暖前線

（ここに注意）
前線の通過時は，天気が変わりやすい。

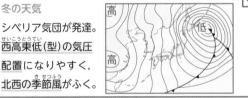

> 停滞前線
> 寒気と暖気の勢力がほぼ同じ
> で，あまり動かない前線
> 閉塞前線
> 寒冷前線が温暖前線に追いつ
> いてできる前線

❹ 日本の気象

● 気温や湿度など，性質が一様な大きな空気
のかたまりを気団という。

シベリア気団（冬）
冷たい。乾いている。

オホーツク海気団（初夏・秋）
冷たい。湿っている。

小笠原気団（夏）
あたたかい。湿っている。

> 冬の天気
> シベリア気団が発達。
> 西高東低（型）の気圧
> 配置になりやすく，
> 北西の季節風がふく。

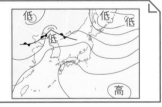

> 夏の天気
> 小笠原気団が発達。
> 日本列島は高気圧に
> おおわれ，南東の季
> 節風がふく。

・大陸上にできる気団は乾いており，海洋上にでき
る気団は湿っている。
・北方にできる気団は冷たく，南方にできる気団は
あたたかい。

> 春・秋の天気
> 低気圧と高気圧が交
> 互に通過する。4 〜
> 7 日の周期で天気が
> 変わる。

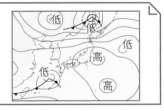

> つゆ（梅雨）
> オホーツク海気団と
> 小笠原気団の勢力が
> ほぼ同じになり，停
> 滞前線（梅雨前線）が
> できる。

● 熱帯低気圧のうち，中心付近の最大風速が 17.2 m/s 以上になったものが台風である。

第9回

2年≫地球

気象とその変化

時間 30分　目標 70点　得点　点

解答 別冊 p.18

1 図のような質量が 1.2 kg の直方体の物体がある。これについて，あとの問いに答えよ。ただし，質量 100 g の物体にはたらく重力の大きさを 1 N とする。　15点(各5点)

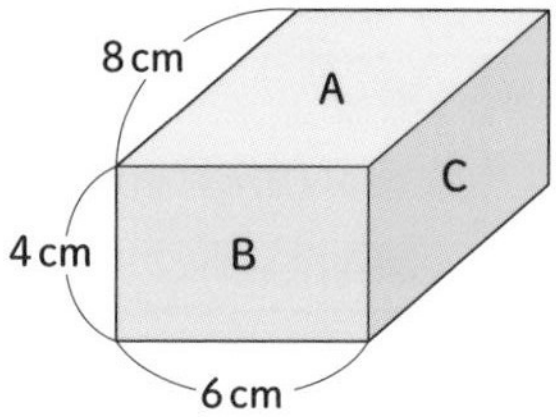

(1) A～C の面をそれぞれ下にして，水平な床の上に置いた。床が物体から受ける圧力がもっとも大きくなるのは，どの面を下にしたときか。記号で答えなさい。また，そのときの圧力は何 Pa か。

記号(　　　　)　圧力(　　　　)

[UP] (2) A の面を下にしたときに床が物体から受ける圧力は，B の面を下にしたときに床が物体から受ける圧力の何倍か。　(　　　　)

≫ステップ1 1

2 気象観測を行った。図1は，そのときの空全体の雲のようす，図2は，そのときの乾湿計で，表は湿度表の一部である。これについて，あとの問いに答えよ。　10点(各5点)

図1

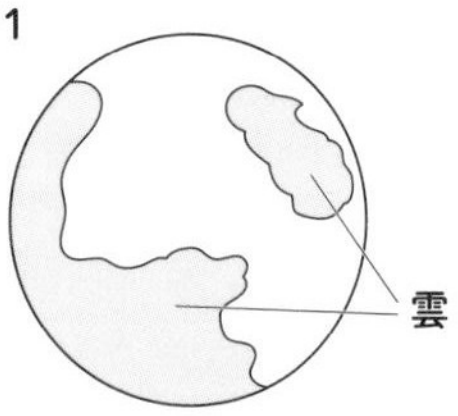

図2

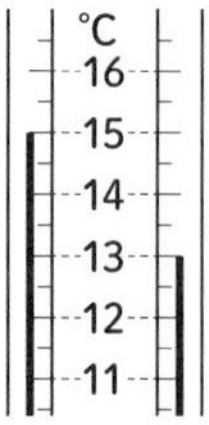

乾球の示度〔℃〕	乾球と湿球の示度の差〔℃〕					
	0.0	0.5	1.0	1.5	2.0	2.5
16	100	95	89	84	79	74
15	100	94	89	84	78	73
14	100	94	89	83	78	72
13	100	94	88	83	77	71

(1) 図1のときの天気を，次の㋐～㋒から1つ選び，記号で答えなさい。　(　　　　)

㋐ 快晴　㋑ 晴れ　㋒ くもり

(2) 図2のときの湿度は何%か。　(　　　　)

≫ステップ1 1

3 ある部屋の気温は 26 ℃で，空気 1 m^3 あたりに 17.3 g の水蒸気をふくんでいる。表は，気温と飽和水蒸気量の関係を表したものである。これについて，あとの問いに答えよ。　20点(各5点)

気温〔℃〕	飽和水蒸気量〔g/m^3〕
14	12.1
16	13.6
18	15.4
20	17.3
22	19.4
24	21.8
26	24.4
28	27.2
30	30.4

(1) 気温が 26 ℃のとき，空気 1 m^3 に最大何 g の水蒸気をふくむことができるか。　(　　　　)

(2) このときの湿度はおよそ何%か。四捨五入して，整数で答えなさい。　(　　　　)

(3) 空気が冷やされて，空気にふくまれていた水蒸気が水滴に変わりはじめるときの温度を何というか。　(　　　　)

[UP] (4) この部屋の気温を 14 ℃まで下げたとき，空気 1 m^3 あたり何 g の水蒸気が水滴になって現れるか。　(　　　　)

≫ステップ1 2

4　図は，日本付近の気圧配置の一部を示したもので，上部が北である。これについて，あとの問いに答えよ。　30点(各5点)

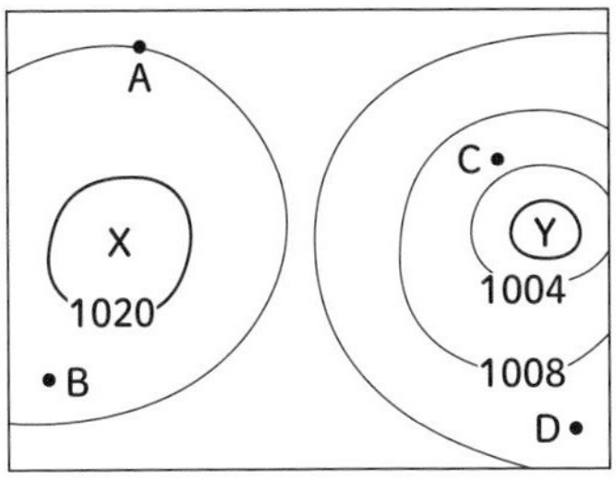

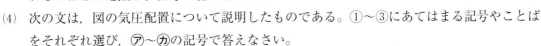

(1)　X，Yをとり囲んでいる曲線を何というか。　(　　　　　)

(2)　A地点の気圧は何 hPa か。　(　　　　　)

(3)　B～D地点のうち，もっとも強い風がふいていると考えられるのはどの地点か。記号で答えなさい。　(　　　　　)

(4)　次の文は，図の気圧配置について説明したものである。①～③にあてはまる記号やことばをそれぞれ選び，㋐～㋕の記号で答えなさい。

①(　　　　　)　②(　　　　　)　③(　　　　　)

XとYのうち，高気圧を表しているのは①{㋐　X　　㋑　Y}である。高気圧付近では②{㋒　上昇気流　　㋓　下降気流}が発生しやすく，天気は③{㋔　晴れる　　㋕　くもりや雨になる}ことが多い。

≫ステップ1 [3]

5　図Aは2月，Bは6月，Cは8月の日本付近の天気図を表したものである。これについて，あとの問いに答えよ。　25点(各5点)

A

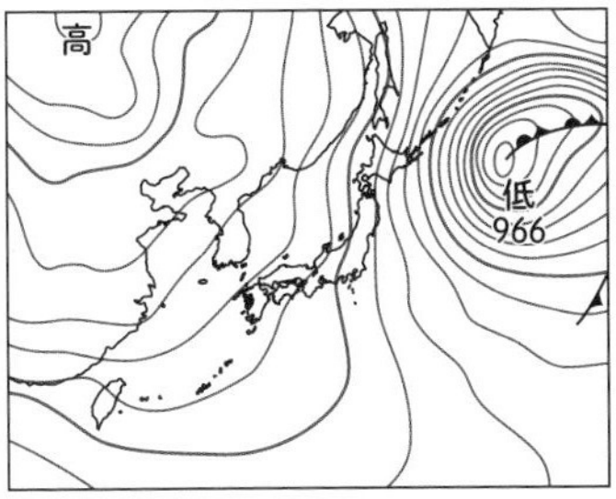

B

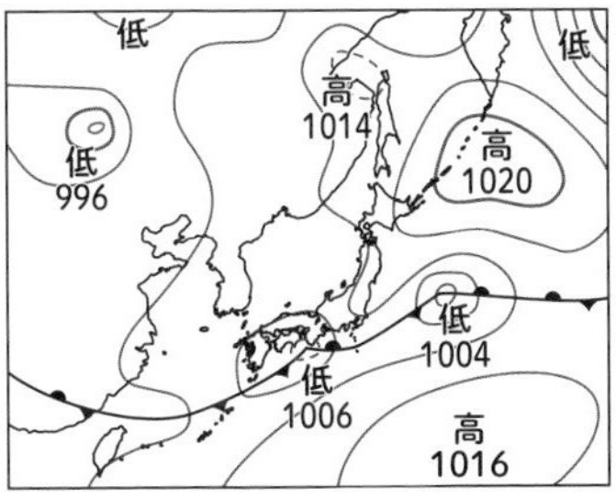

C

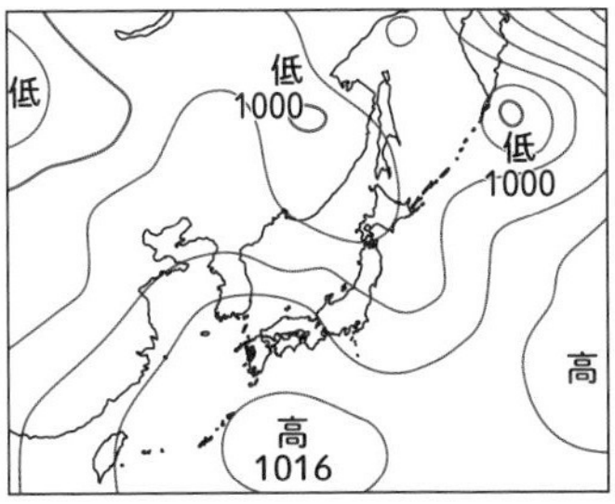

(1)　Aの天気図で，日本列島の太平洋側の天気の特徴として適当なものを，次の㋐～㋒から1つ選び，記号で答えなさい。　(　　　　　)

㋐　晴れて乾燥した日が多い。　　㋑　くもりや雪の日が多い。

㋒　4～7日の周期で天気が変わることが多い。

(2)　Bの天気図に見られる，東西に長くのびる停滞前線をとくに何というか。　(　　　　　)

(3)　Cの天気図で，日本の南側が高気圧でおおわれているのは，何という気団が発達しているためか。　(　　　　　)

(4)　南東の季節風がふいていると考えられる天気図は，A～Cのどれか。記号で答えなさい。　(　　　　　)

UP (5)　日本付近では，移動性高気圧や低気圧が西から東に移動し，それにともなって天気も西から東へ移り変わることが多い。この理由を説明しなさい。

(　　　　　　　　　　　　　　　　　　　　　　)

≫ステップ1 [4]

第10回 ステップ1

3年≫地球

地球と宇宙

❶天体の動きと地球の自転・公転

● 太陽や星は，天球上を東から西へ1日に1回転しているように見える。このような天体の見かけの動きを日周運動という。

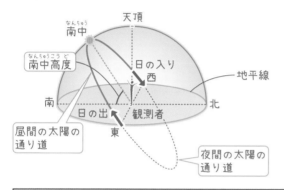

> 日周運動は，地球が地軸を中心に1日に1回，西から東に自転するために起こる見かけの動きである。

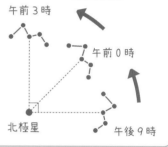
● 天体が，ほかの天体のまわりを回ることを公転という。

● 地球は，公転面に垂直な線に対して，地軸を傾けたまま公転している。そのため，太陽の南中高度や昼の長さが変化し，季節の変化が生まれる。

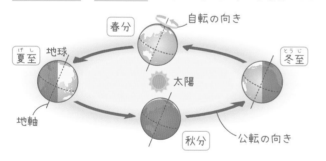

● 同じ時刻に見える星は，1か月で約30°，東から西へ動き，1年で天球を1周するように見える。このような星の見かけの動きを年周運動という。

太陽の南中高度

夏至：1年間でもっとも高くなる。

　　　90°−（緯度−23.4°）

冬至：1年間でもっとも低くなる。

　　　90°−（緯度＋23.4°）

春分・秋分：90°−緯度

毎月15日午前0時の位置

> 年周運動は，地球が太陽を中心に1年で360°公転するために起こる見かけの動きである。

❷ 太陽系と恒星

● 太陽のように，みずから光を出している天体を恒星という。

● 太陽系の惑星

> 太陽を中心とした天体の集まりを太陽系という。

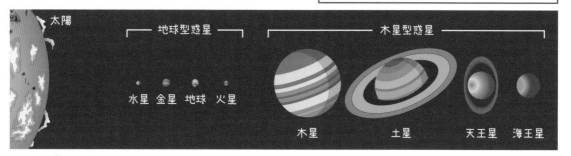

太陽　┌─ 地球型惑星 ─┐　┌──────── 木星型惑星 ────────┐
水星　金星　地球　火星　　　木星　　　土星　　　天王星　海王星

● 地球型惑星は，岩石や金属からなり，小型で密度が大きい。一方，木星型惑星は，水素やヘリウムなどからなり，大型で密度が小さい。

● 太陽系をふくむ，多数の恒星の集まりを銀河系といい，銀河系のような数億個を超える恒星の集まりを銀河という。

> 太陽系の小天体
> ・小惑星…太陽のまわりを公転する小さな天体。多くは火星と木星の間にある。
> ・衛星…惑星のまわりを公転する天体。
> ・すい星…氷などが集まってできた天体。太陽のまわりを楕円軌道で公転している。
> ・太陽系外縁天体…海王星の軌道より外側を公転する天体の総称。

❸ 月と金星の見え方

● 月は太陽の光を反射して光っている。

● 月の満ち欠けは，太陽と地球，月の位置関係が変化することで起こる。

> 日食…月と太陽が重なり，月によって太陽がかくされる現象。新月のときに起こることがある。
> 月食…月が地球の影に入る現象。満月のときに起こることがある。

● 金星は，地球の内側を公転しているため，夕方の西の空か明け方の東の空でしか見ることができない。

● 金星は，遠くにあるほど，丸くて小さく見え，近くにあるほど，欠けて大きく見える。

> 夕方に輝く金星をよいの明星，明け方に輝く金星を明けの明星という。

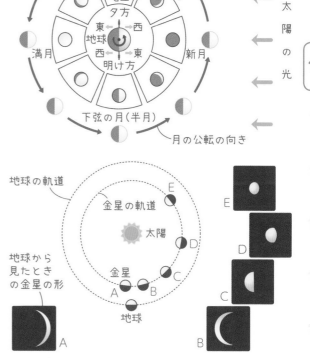

地球と宇宙

時間 30分　目標 70点　得点　点

解答 別冊 p.20

1 図1は，日本のある地点で太陽の動きを透明半球に記録したもので，点Pはその日の太陽が南中した点である。また，図2は，図1の点G，P，Hを通る曲線にそって紙テープを当て，記録した点を写しとったものの一部である。これについて，あとの問いに答えよ。

25点(各5点)

図1

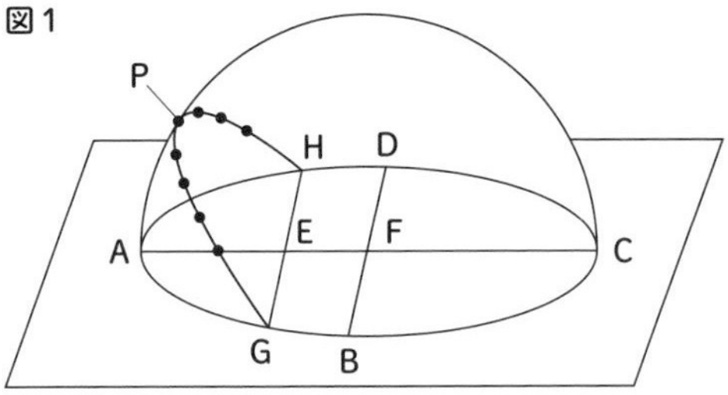

図2

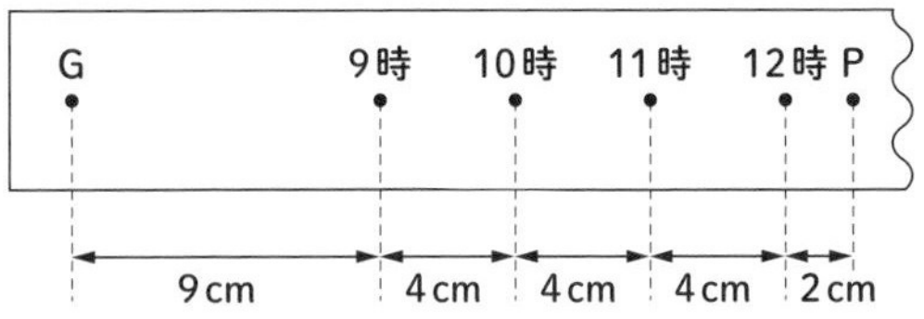

(1) 図1で，北を表すのはA～Dのうちのどれか。記号で答えなさい。（　　　）

(2) この日の太陽の南中高度を表しているものを，次の㋐～㋓から1つ選び，記号で答えなさい。（　　　）

㋐ ∠AEP　㋑ ∠APE　㋒ ∠AFP　㋓ ∠APF

(3) この日の日の出の時刻は，何時何分か。（　　　）

(4) 図3は，各季節の地球と太陽の位置関係を表したものである。図1の記録をした日の地球の位置は，図3のⓐ～ⓓのうちのどれか。記号で答えなさい。（　　　）

図3

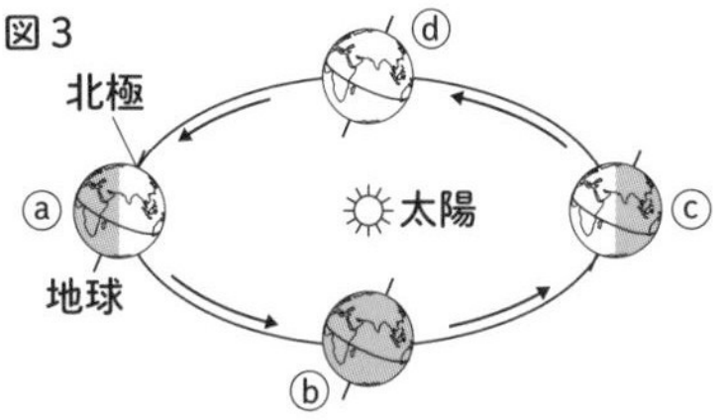

[UP] (5) 3か月後に，同じ場所で太陽の動きを観察したところ，日の出や日の入りの位置，南中高度が変化していた。このような変化が起こる理由を「地軸」，「公転」のことばを用いて説明しなさい。
（　　　）

≫ステップ1 1

2 図は，日本のある地点で，2月15日午後8時に南の空に見えたオリオン座をスケッチしたものである。これについて，あとの問いに答えよ。

15点(各5点)

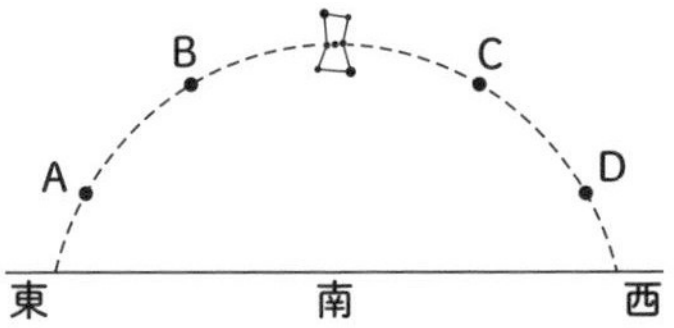

(1) 2時間後，オリオン座は図のA～Dのどの位置に見えるか。記号で答えなさい。（　　　）

(2) 2か月後の午後8時には，オリオン座は図のA～Dのどの位置に見えるか。記号で答えなさい。（　　　）

[UP] (3) 10か月後，オリオン座が図の位置に見えるようになるのは何時ごろか。
（　　　）

≫ステップ1 1

3 図1は，太陽系の8つの惑星の公転軌道を表している。これについて，あとの問いに答えよ。 30点(各6点)

図1

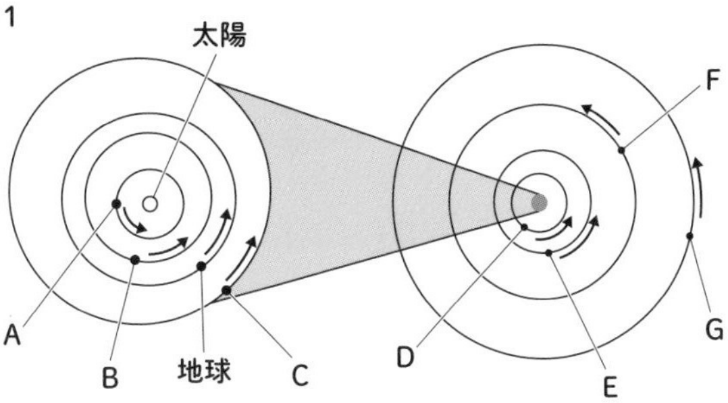

(1) 直径がもっとも大きい惑星を，図1のA～Gから1つ選び，記号で答えなさい。（　　　）

(2) 木星型惑星とよばれる惑星を，図1のA～Gからすべて選び，記号で答えなさい。（　　　）

(3) 地球から真夜中に見ることができない惑星を，図1のA～Gからすべて選び，記号で答えなさい。（　　　）

(4) 図2は，太陽系をふくむ，多数の恒星の集まりを上から見たものである。

図2

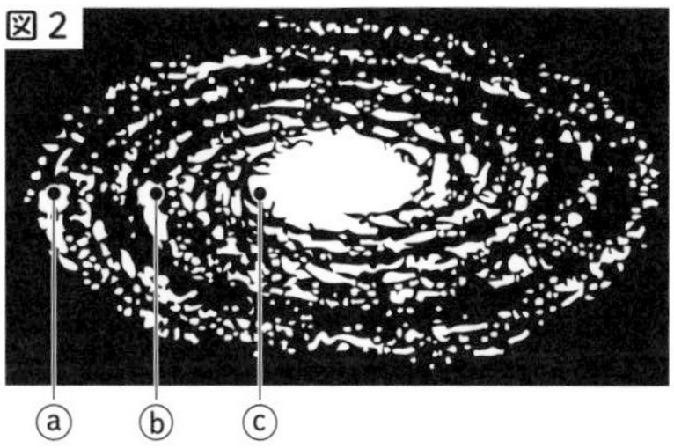

① この恒星の集まりを何というか。（　　　）

② 太陽系の位置は，図2のⓐ～ⓒのうちのどれか。記号で答えなさい。（　　　）

≫ステップ1 [2]

4 図は，太陽と地球，月の位置関係を模式的に表したものである。これについて，あとの問いに答えよ。 30点(各6点)

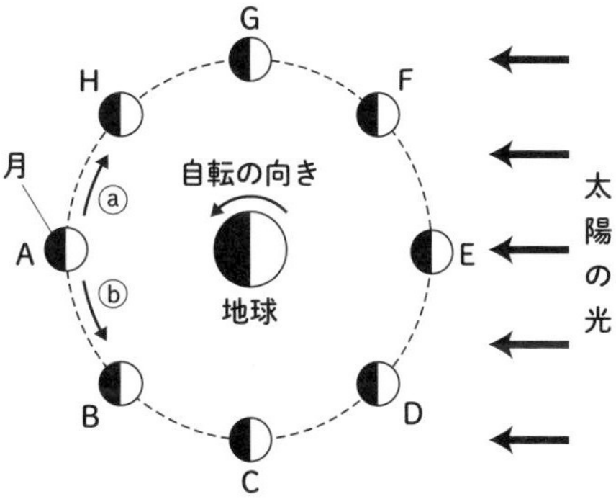

(1) 月のように，惑星のまわりを公転している天体を何というか。（　　　）

(2) 月の公転の向きは，図のⓐ，ⓑのどちらか。記号で答えなさい。（　　　）

(3) 月がCの位置にあるとき，月は地球からどのように見えるか。次の㋐～㋓から1つ選び，記号で答えなさい。（　　　）

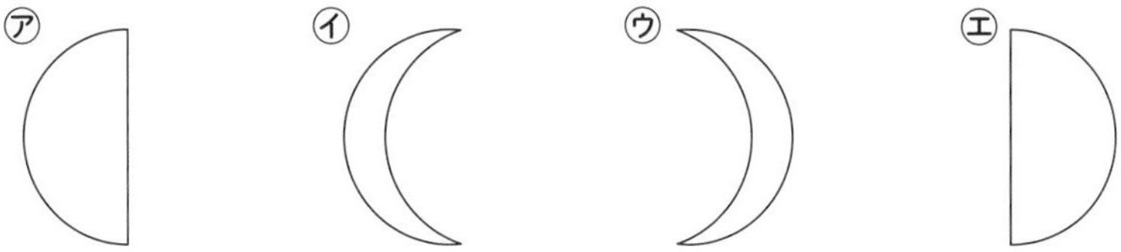

(4) 月食が見られるのは，月がどの位置にあるときか。図のA～Hから1つ選び，記号で答えなさい。（　　　）

[UP] (5) 月が満ち欠けする理由を説明しなさい。
（　　　）

≫ステップ1 [2.3]

ヒント 3 (1)直径がもっとも大きい惑星は木星である。
4 (4)月食とは，月が地球の影に入る現象である。

身近な物理現象

❶ 光の反射と屈折

● 物体の表面（境界面）で光がはね返ることを，光の反射という。

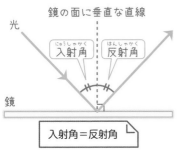

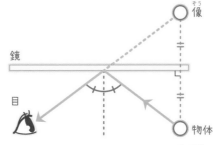

〔ここに注意〕

鏡の中に物体の像が見えるとき，物体と像の位置は，鏡に対して線対称の関係にある。

● 異なる物質の境界面で光が折れ曲がって進むことを光の屈折という。

空気から水（ガラス）へ進むとき

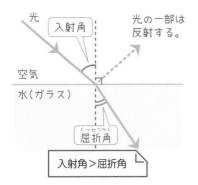

水（ガラス）から空気へ進むとき

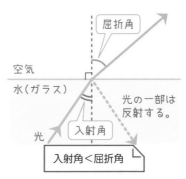

全反射

光が水（ガラス）から空気へ進むとき，入射角が大きくなると，光が屈折せずにすべて反射するようになる現象

❷ 凸レンズ

● 凸レンズの光軸（凸レンズの軸）に平行に入った光が凸レンズで屈折して集まる点を焦点といい，凸レンズの中心から焦点までの距離を焦点距離という。

凸レンズを通る光の進み方
ⓐ光軸に平行に入った光は，反対側の焦点を通る。
ⓑ凸レンズの中心を通った光は，そのまま直進する。
ⓒ物体側の焦点を通って凸レンズに入った光は，光軸に平行に進む。

● 凸レンズのつくる像

実像 光が実際に集まってできる像。物体と上下・左右が逆向き。

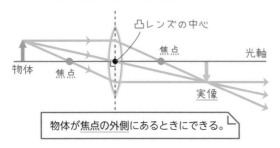

物体が焦点の外側にあるときにできる。

虚像 物体がないところから光が出ているように見える像。物体と同じ向きで大きく見える。

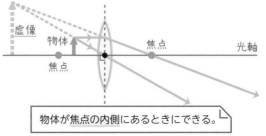

物体が焦点の内側にあるときにできる。

❸ 音の性質

- 音は，音源の振動が波として伝わることで聞こえる。

$$音の速さ〔m/s〕= \frac{音が伝わる距離〔m〕}{音が伝わる時間〔s〕}$$

- 音は空気中を，1秒間に約340m（340m/sの速さ）で進む。

- 振動の振れ幅を**振幅**という。また，1秒間に振動する回数を**振動数**という。

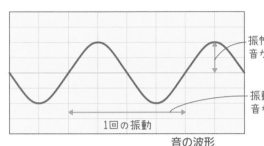

振幅が大きいほど，音が大きい。

振動数が多いほど，音が高い。

1回の振動

音の波形

振動数は，ヘルツ（記号Hz）という単位で表す。

- 弦の振動と音の変化

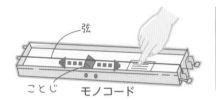

弦　ことじ　モノコード

| **大きさ** 弦を強くはじくほど，大きい音が出る。
| **高さ** 弦が短いほど，高い音が出る。
弦が細いほど，高い音が出る。
弦の張りを強くするほど，高い音が出る。

❹ 力

- 力の大きさは**ニュートン**（記号N）という単位で表す。

- ばねののびは，ばねに加わる力の大きさに**比例**する。これを**フックの法則**という。

- 力は，力の**大きさ**，力の**向き**，**作用点**（力のはたらく点）の3つの要素を，矢印を使って表す。

ここに注意

中学校からは，「重さ」と「質量」を区別する。

重さ…物体にはたらく重力の大きさ。場所が変わると変化する。
単位 N

質量…物体そのものの量。場所が変わっても変化しない。
単位 gやkgなど

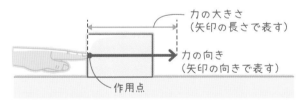

力の大きさ（矢印の長さで表す）

力の向き（矢印の向きで表す）

作用点

- 1つの物体に2つ以上の力がはたらいて，物体が静止しているとき，物体にはたらく力は**つり合っている**という。

2力がつり合う条件
① 2力の大きさは等しい。
② 2力の向きは反対である。
③ 2力は一直線上にある。

垂直抗力（抗力）

重力

指が押す力　摩擦力

物体は動いていない。

第11回 ステップ2

1年 » エネルギー

身近な物理現象

時間 30分　目標 70点　得点　　点

解答 [別冊] p.22

1 **図1のように，光源装置を使ってガラスから空気に向かって光を当てると，光は境界面で折れ曲がって進み，一部ははね返って進んだ。これについて，あとの問いに答えよ。** 25点(各5点)

図1

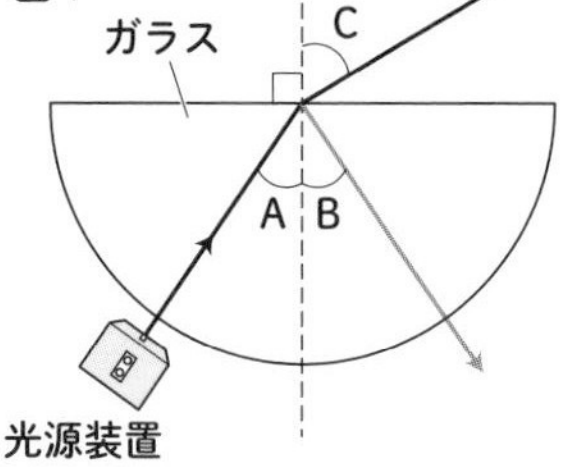

(1) 角A，角Cをそれぞれ何というか。

角A (　　　　　　)　角C (　　　　　　)

(2) 角Aを40°にすると，角Bは何度になるか。

(　　　　　　)

(3) 角Aを50°にしたところ，光は空気中には進まず，すべてはね返った。この現象を何というか。(　　　　　　)

(4) 図2のように，光を空気中からガラスに向かって当てた。この後，光はどのように進むか。図の㋐〜㋓から1つ選び，記号で答えなさい。(　　　　)

図2

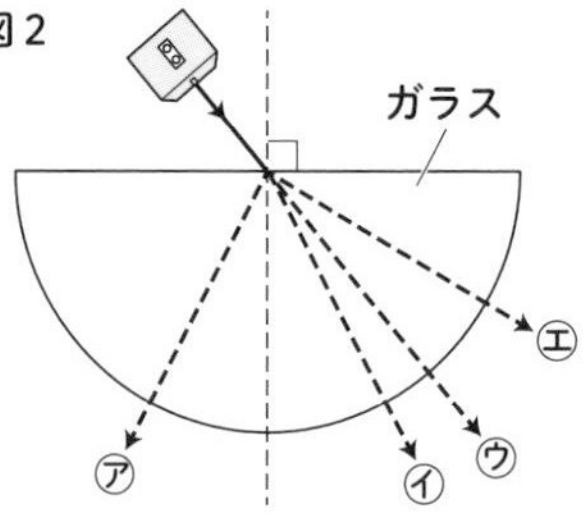

» ステップ1 [1]

2 **光学台を使って図のような装置を組み立て，物体をⓐの位置に，スクリーンをⓑの位置に置いたところ，スクリーンに物体と同じ大きさの像がはっきりと映った。これについて，あとの問いに答えよ。** 25点(各5点)

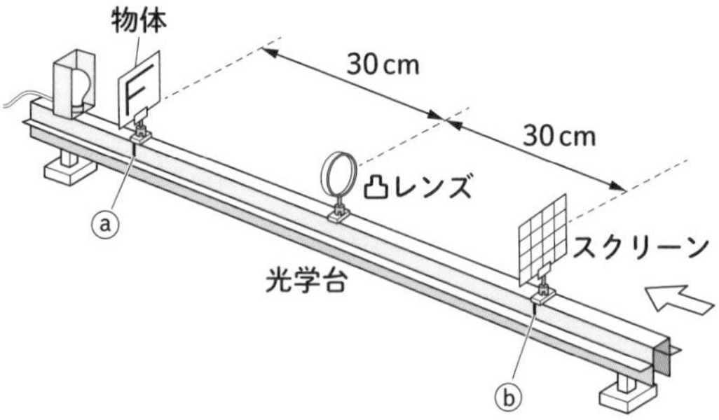

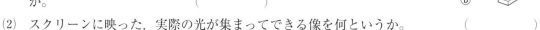

(1) 実験で使った凸レンズの焦点距離は何cmか。(　　　　)

(2) スクリーンに映った，実際の光が集まってできる像を何というか。(　　　　)

(3) 矢印の方向から見た像として正しいものを，次の㋐〜㋓から1つ選び，記号で答えなさい。

(　　　　)

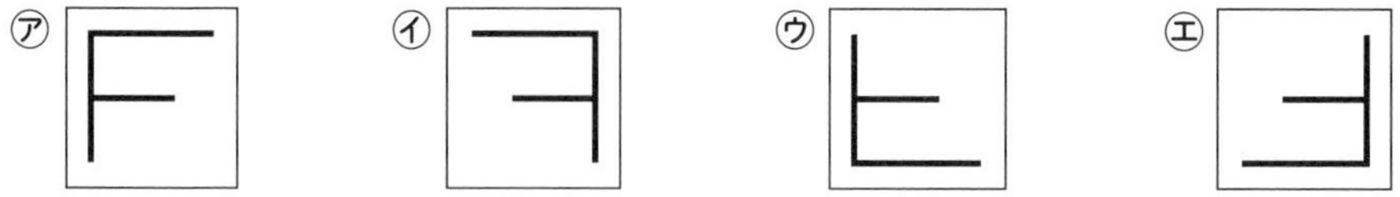

[UP] (4) 物体の位置をⓐから凸レンズに10 cm近づけ，像がはっきりと映る位置にスクリーンを移動させた。このときの結果をまとめた次の文の(　　)にあてはまることばを答えなさい。

X (　　　　　　)　Y (　　　　　　)

> 凸レンズとスクリーンの間の距離は(　X　)なり，スクリーンに映る像の大きさは(　Y　)なる。

» ステップ1 [2]

3 図のA〜Dは，いくつかの音さをたたいて出た音を，オシロスコープとマイクロホンを使って波形で表したもので，縦軸は振動の振れ幅を，横軸は時間を表している。これについて，あとの問いに答えよ。 15点(各5点)

A
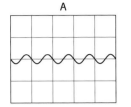

B
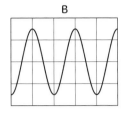

C
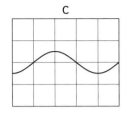

D
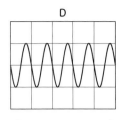

(1) 音を出す物体が1秒間に振動する回数を何というか。　（　　　　　　）
(2) A〜Dのうち，もっとも大きい音はどれか。記号で答えなさい。　（　　　　　　）
(3) A〜Dのうち，同じ高さの音はどれとどれか。記号で選びなさい。（　　　と　　　）

》ステップ1 3

4 あるばねにいろいろな重さのおもりをつるしてばねののびをはかり，結果をまとめて，図のグラフに表した。これについて，あとの問いに答えよ。ただし，100gの物体にはたらく重力の大きさを1Nとし，ばね自体の重さは考えないものとする。 20点(各5点)

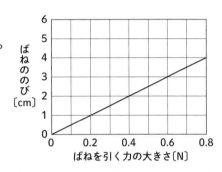

(1) ばねを引く力の大きさとばねののびの間には，どのような関係があるか。　（　　　　　　　　）
(2) ばねが2cmのびているとき，ばねを引く力の大きさは何Nか。　（　　　　　　）
(3) ばねを引く力の大きさが0.7Nのとき，ばねののびは何cmになるか。（　　　　　　）
(4) このばねを6cmのばすには，何gのおもりをつるせばよいか。　（　　　　　　）

》ステップ1 4

5 図1は，机の上にあるリンゴにはたらく重力と，その重力とつり合う力Xを矢印で表したものである。また，図2は，机の上にある本を指で押しているときの，指が本を押す力を矢印で表したものである。これについて，あとの問いに答えよ。 15点(各5点)

図1
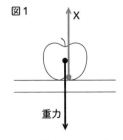

図2
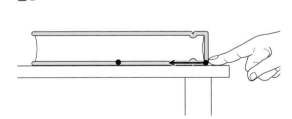

(1) 図1で，重力とつり合うXは何という力か。　（　　　　　　）
(2) 図1で，リンゴにはたらく重力の大きさが3Nのとき，Xの力は何Nか。（　　　　　　）
(3) 図2で，本が動いていないとき，指が本を押す力とつり合っている力を，図の●を作用点として矢印で図に表しなさい。

》ステップ1 4

第11回

電流とその利用（1）

月　日

❶ 回路と電流・電圧

● 電流の流れる道すじが枝分かれしていない，1本の道すじの回路を直列回路といい，電流の流れる道すじが枝分かれしている回路を並列回路という。

直列回路　　　　　　並列回路

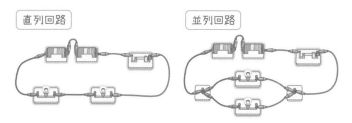

電源	スイッチ
（長いほうが＋極）	
電球	抵抗器・電熱線
電流計	電圧計
Ⓐ	Ⓥ

電気用図記号

● 電流の大きさはアンペア（記号 A）やミリアンペア（記号 mA）で表す。1 A = 1000 mA

● 電圧の大きさはボルト（記号 V）で表す。

● 回路と電流・電圧の関係

直列回路

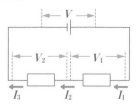

電流　$I_1 = I_2 = I_3$
電圧　$V = V_1 + V_2$

並列回路

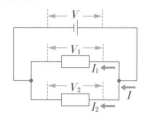

電流　$I = I_1 + I_2$
電圧　$V = V_1 = V_2$

ここに注意

電流計は回路に直列につなぎ，電圧計は回路に並列につなぐ。

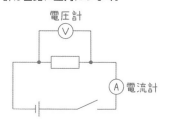

大きさが予想できないときは，いちばん大きい電流，電圧がはかれる−端子につなぐ。

❷ 電流・電圧と電気抵抗

● 電流の流れにくさを電気抵抗（抵抗）という。電気抵抗の大きさはオーム（記号Ω）で表す。

● 抵抗器などに流れる電流は，それらに加える電圧に比例する。これをオームの法則という。

電気抵抗を R 〔Ω〕，電圧を V 〔V〕，電流を I 〔A〕とすると，

$$V = RI \qquad I = \frac{V}{R}$$

● 回路と電気抵抗の関係

直列回路

回路全体の抵抗を R とすると，

$$R = R_1 + R_2$$

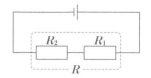

並列回路

回路全体の抵抗を R とすると，

$$\frac{1}{R} = \frac{1}{R_1} + \frac{1}{R_2}$$

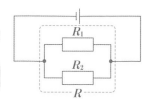

❸ 電気とそのエネルギー

● 一定時間（1秒あたりなど）に消費される電気エネルギーの大きさを**電力**という。電力の大きさは**ワット**（記号 W）で表す。

> 電力〔W〕＝電圧〔V〕×電流〔A〕

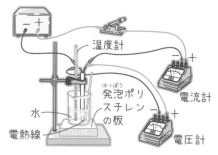

温度計

発泡ポリスチレンの板

水

電熱線

電流計

電圧計

電力と熱量の関係を調べる実験

・発熱量は電力に比例する。
・発熱量は電流を流した時間に比例する。

● 物体に出入りする熱の量を**熱量**という。熱量の大きさは**ジュール**（記号 J）で表す。

> 熱量〔J〕＝電力〔W〕×時間〔s〕

● 電流を流したときに消費される電気エネルギーの量を**電力量**という。電力量の大きさはジュール（記号 J）や**ワット時**（記号 Wh）などで表す。

> 1 Wh は，1 W の電力を 1 時間使い続けたときの電力量

> 電力量〔J〕＝電力〔W〕×時間〔s〕

❹ 静電気と電流

● 摩擦などによって起こる，物体にたまった電気を**静電気**という。

> 2種類の物質を摩擦して物体が電気を帯びるとき，一方の物体は＋の電気，もう一方の物体は－の電気を帯びる。

電気の性質

・＋と－の2種類がある。
・異なる種類の電気には引き合う力がはたらく。
・同じ種類の電気にはしりぞけ合う力がはたらく。
・電気の間にはたらく力は，離れていてもはたらく。

● 電気が空間を移動したり，たまっていた電気が流れ出したりする現象を**放電**という。

● 放電管（クルックス管）で真空放電を起こすと，－極（陰極）から電流のもとになる粒子（電子）が飛び出す。この粒子の流れを**陰極線（電子線）**という。

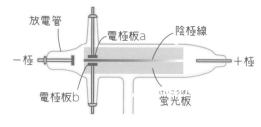

放電管

電極板a

陰極線

－極

＋極

電極板b

蛍光板

> 電極板 a，b に電圧を加えると，陰極線は＋極にした電極板のほうに曲がる。

● 電流は，－極から＋極へ移動する電子の流れである。

電子の性質

・質量をもつ非常に小さな粒子である。
・－の電気をもっている。

（ここに注意）

電子の移動する向きは，電流の向きと逆である。

電子

電流

第12回 ステップ2

2年»エネルギー

電流とその利用 (1)

時間 30分　目標 70点　得点　　点

解答 別冊 p.24

1 図1の電圧計について，あとの問いに答えよ。　15点(各5点)

図1

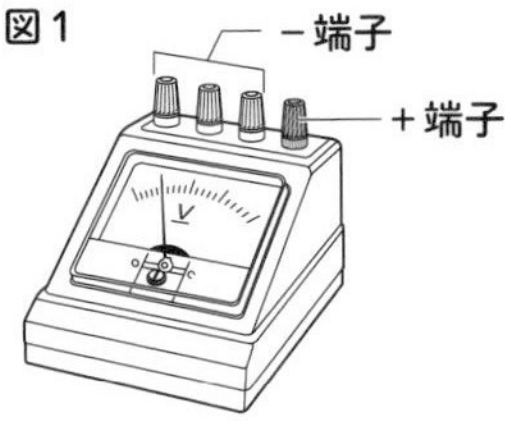

(1) 電圧計の電気用図記号を，次の㋐～㋒から1つ選び，記号で答えなさい。　(　　　)

㋐ ⊗　㋑ [A]　㋒ [V]

(2) 電圧計の－端子には，300 V，15 V，3 V の3種類がある。電圧の大きさが予想できないときは，最初にどの－端子につなぐか。(　　　)

UP (3) 図2は，3 V の－端子を使って，回路のある区間の電圧を調べたときの電圧計のようすである。この区間の電圧の大きさは何 V か。　(　　　)

図2

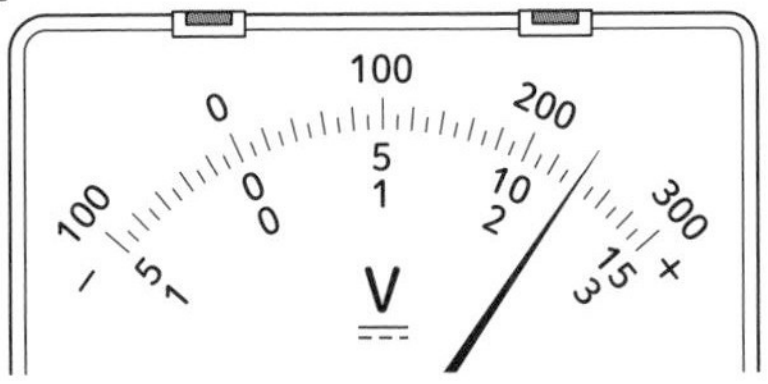

»ステップ1 1

2 電熱線A，Bを使って，図1，図2のような回路をつくり，回路に流れる電流と電熱線に加わる電圧の大きさを調べた。これについて，あとの問いに答えよ。　25点(各5点)

図1

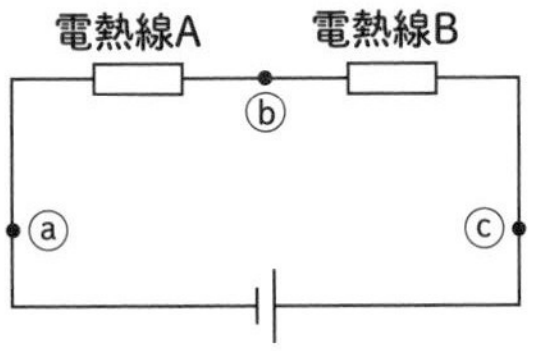

図2

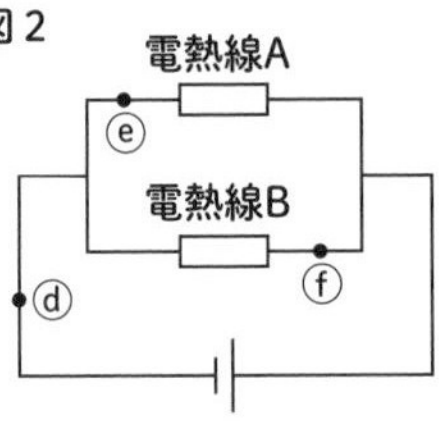

(1) 図1のような回路を何というか。　(　　　)

(2) 図1で，電源の電圧を 6.0 V にしたところ，点ⓐ，点ⓒを流れる電流は，ともに 0.15 A であった。また，電熱線Aに加わる電圧は 4.5 V であった。

① 点ⓑを流れる電流の大きさは何 A か。　(　　　)

② 電熱線Bに加わる電圧の大きさは何 V か。　(　　　)

(3) 図2で，電源の電圧をある値にしたところ，点ⓓを流れる電流は 0.8 A，点ⓔを流れる電流は 0.2 A であった。また，電熱線Aに加わる電圧は 6.0 V であった。

① 点ⓕを流れる電流の大きさは何 A か。　(　　　)

② 電熱線Bに加わる電圧の大きさは何 V か。　(　　　)

»ステップ1 1

3 ある抵抗器を電源装置につなぎ，抵抗器を流れる電流と加える電圧の関係を調べた。図1は，その結果をグラフに表したものである。これについて，あとの問いに答えよ。　20点(各4点)

図1

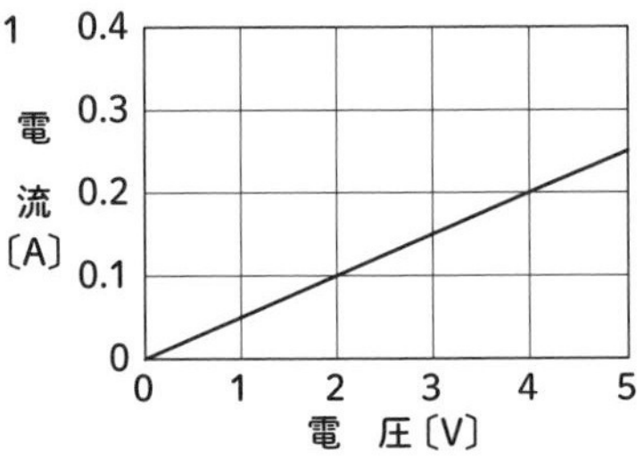

(1) 抵抗器を流れる電流と加える電圧の間にはどのような関係があるといえるか。　(　　　)

(2) この抵抗器の電気抵抗は何Ωか。　(　　　)

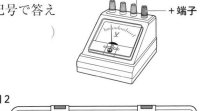

(3) この抵抗器に 0.4 A の電流を流すには，何 V の電圧
を加えればよいか。　　　　　（　　　　　　）

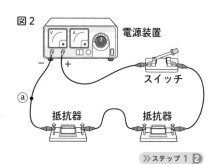

図2
電源装置
スイッチ

(4) この抵抗器を 2 つ用いて，図 2 の回路をつくった。

① 回路全体の電気抵抗は何 Ω か。（　　　　　）

② 電源装置の電圧を 5 V にしたとき，点ⓐに流れ
る電流の大きさは何 mA か。　（　　　　　）

ⓐ
抵抗器　　　　　　抵抗器

≫ステップ1 2

4　電気抵抗が 6 Ω の電熱線Aを使って図のような装置をつくり，
6 V の電圧を加えて電流を流して 1 分ごとに水温を測定した。
表はその結果をまとめたものである。これについて，あとの問
いに答えよ。　　　　　　　　　　　　25 点(各 5 点)

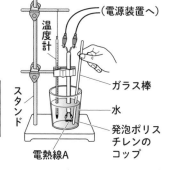

温度計
（電源装置へ）
ガラス棒
スタンド
水
発泡ポリス
チレンの
コップ
電熱線A

時間[分]	0	1	2	3	4	5
水温[℃]	20.7	21.3	22.0	22.6	23.2	23.8

(1) 電熱線Aが消費する電力は何 W か。　　（　　　　　　　　）

(2) 電熱線Aが 5 分間に消費する電力量は何 J か。　　　　　（　　　　　　　）

(3) 電流を 15 分間流したとすると，水温は約何℃になると考えられるか。次のⓐ～ⓔから 1
つ選び，記号で答えなさい。　　　　　　　　　　　　　　　　（　　　　　　）

ⓐ　25℃　　ⓘ　30℃　　ⓤ　35℃　　ⓔ　40℃

(4) 電熱線Aを，電気抵抗が 3 Ω の電熱線Bに変えて同じ操作を行い，水温を調べた。

① 電熱線Bの消費する電力は，電熱線Aの消費電力の何倍か。　　　　　（　　　　　　）

② 5 分間電流を流したときの水温は約何℃になると考えられるか。次のⓐ～ⓔから 1 つ
選び，記号で答えなさい。　　　　　　　　　　　　　（　　　　　　）

ⓐ　23℃　　ⓘ　27℃　　ⓤ　31℃　　ⓔ　35℃

≫ステップ1 3

5　図のように，電極Aを－極，電極Bを＋極にして放電管
（クルックス管）に電圧を加えると，蛍光板に光の線が現
れた。これについて，あとの問いに答えよ。　15 点(各 5 点)

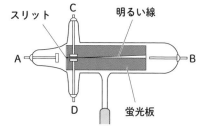

スリット
C
明るい線
A　　　　　　　　　　　　　　　B
D
蛍光板

(1) 光の線は，電流のもとになる粒子の流れである。

① この粒子を何というか。　　（　　　　　　）

② この粒子は，電極Aと電極Bのどちらから飛び出
しているか。　　　　　　　（　　　　　　）

(2) 電極A，Bに加える電圧はそのままで，電極Cを＋極，電極Dを－極にして電圧を加える
と，光の線はどうなるか。　　（　　　　　　　　　　　　　　　　　）

第
12
回

≫ステップ1 4

ヒント　3 (4)直列回路の全体の電気抵抗は，各抵抗器の電気抵抗の和になる。
　　　　4 (4)電流を流す時間が一定の場合，電熱線の発熱量は，電力に比例する。

第13回 ステップ1 電流とその利用 (2)

❶ 電流がつくる磁界

● 磁力のはたらく空間を**磁界**といい，磁界のようすを表した曲線を**磁力線**という。

● 棒磁石の磁界

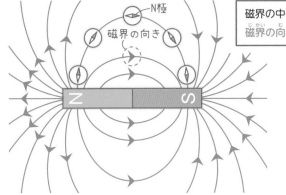

磁界の中の各点で，方位磁針のN極が指す向きを，磁界の向きという。

磁力線の特徴
① N極から出て，S極に入る。
② 間隔がせまいほど，磁界が強い。
③ 途中で分かれたり，交わったりしない。

● 導線に電流を流すと，そのまわりに磁界ができる。

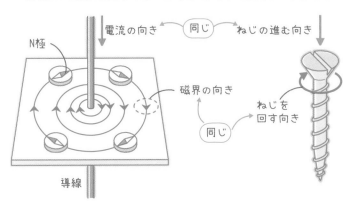

ここに注意
・磁界の向きは，電流の向きで決まる。
・磁界の強さは，電流が大きいほど強い。また，導線に近いほど強い。

● コイルに電流を流すと，コイルの内側とそのまわりに磁界ができる。

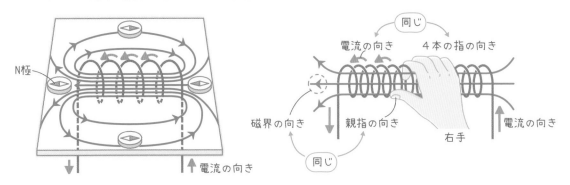

ここに注意
・磁界の向きは，電流の向きで決まる。
・磁界の強さは，電流が大きいほど強い。

❷ 磁界中の電流が受ける力

● 磁界の中の導線に電流を流すと，電流は磁界から力を受ける。

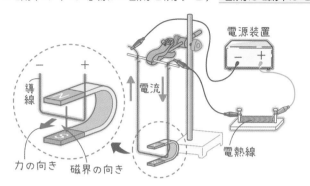

> **電流が受ける力の向き**
> ① 電流の向きを逆にすると逆になる。
> ② 磁界の向き（磁石の極）を逆にすると逆になる。
>
> **電流が受ける力の大きさ**
> ① 電流を大きくすると大きくなる。
> ② 磁力の大きい磁石にかえると大きくなる。

● モーターは，電流が磁界から受ける力を利用して，連続的に運動するように工夫された装置である。

❸ 電磁誘導と発電

● コイルの中の磁界が変化すると，コイルに電流を流そうとする電圧が生じる。この現象を電磁誘導といい，このとき流れる電流を誘導電流という。

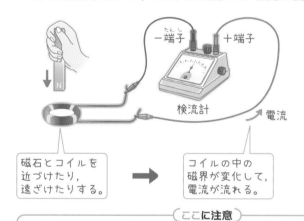

> **誘導電流の向き**
> ① N極とS極を入れかえると，逆になる。
> ② 磁石を近づけるときと，遠ざけるときとで逆になる。
>
> **誘導電流の大きさ**
> ① 磁石を速く動かすほど，大きくなる。
> ② 磁石の磁力が強いほど，大きくなる。
> ③ コイルの巻数が多いほど，大きくなる。

──（ ここに注意 ）──

磁石をコイルの中で静止させた場合は，磁界が変化しないので，電流は流れない。

● 発電機は，電磁誘導を利用して，連続的に電流を発生させる装置である。

● オシロスコープで調べた電流の波形

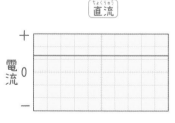

流れる向きが一定。
例 乾電池の電流

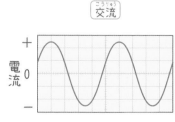

> 交流で1秒間にくり返す電流の変化の回数を周波数という。単位はヘルツ（記号 Hz）を使う。

向きや大きさが周期的に変化する。
例 家庭のコンセントの電流

第 **13** 回

電流とその利用 (2)

時間 30 分 目標 70 点 得点 点

解答 別冊 p.26

1 図 1 は棒磁石のまわりの磁界のようす，図 2 はコイルに電流を流したときのコイルの内側にできる磁界のようすを表している。これについて，あとの問いに答えよ。 12 点(各 3 点)

図 1

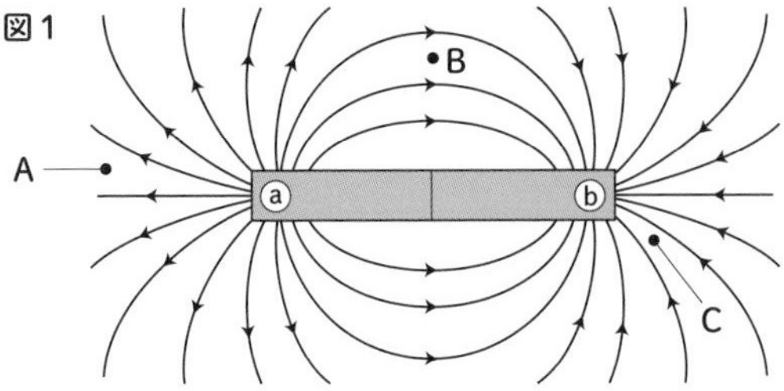

図 2

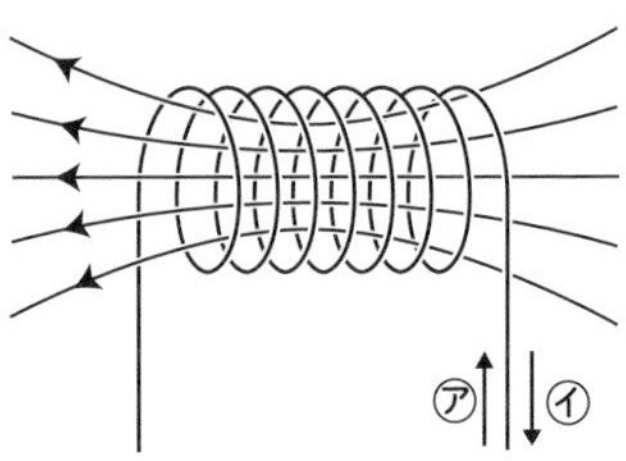

(1) 図 1，図 2 のように，磁界のようすを表した曲線を何というか。 (　　　)

(2) 図 1 で，N 極を表しているのは，ⓐ，ⓑのどちらか。 (　　　)

(3) 図 1 で，磁界の強さがもっとも強い点は，A～C のどれか。 (　　　)

UP (4) 図 2 で，コイルに流れる電流の向きは，㋐，㋑のどちらか。 (　　　)

»ステップ 1 [1]

2 図のように，A～D の位置に方位磁針を置き，導線に電流を流したときの磁界のようすを調べた。これについて，あとの問いに答えよ。 15 点(各 5 点)

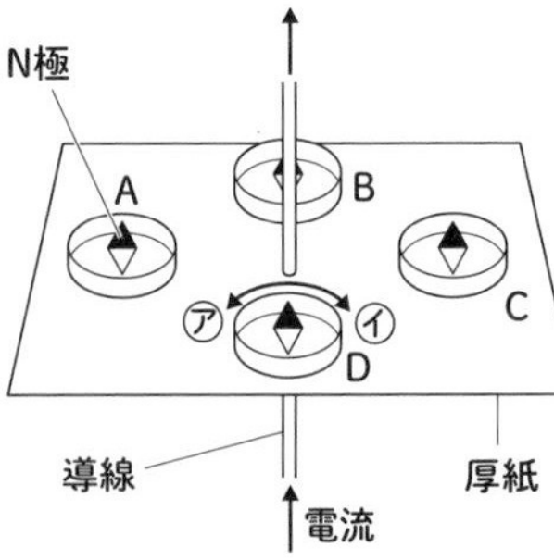

(1) D の N 極は，㋐，㋑のどちらに振れるか。 (　　　)

(2) A～D の方位磁針のうち，ほとんど振れないのはどれか。 (　　　)

(3) 電流を逆の向きに流したとき，D の N 極は，㋐，㋑のどちらに振れるか。 (　　　)

»ステップ 1 [1]

3 U 字型磁石とコイルを使って図のような装置をつくり，電流を流したところ，コイルはⓓの向きに動いた。これについて，あとの問いに答えよ。 30 点(各 5 点)

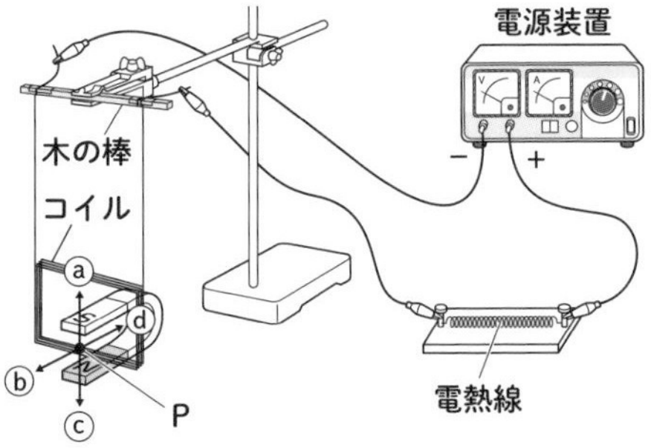

(1) 点 P での磁石による磁界の向きは，図のⓐ～ⓓのどれか。 (　　　)

UP (2) 次の操作をすると，コイルはどの向きに動くか。図のⓐ～ⓓから選びなさい。ただし，動かない場合は，「動かない」と答えなさい。

① 電流の向きを逆にする。 (　　　)

② 電流の向きを逆にして，磁石の N 極と S 極を逆にする。 (　　　)

(3) 次の操作をすると，コイルの動きは，はじめのときと比べてどうなるか。あとの㋐～㋒から1つ選び，記号で答えなさい。

① 電源の電圧を大きくする。　　　　　　　　　　　　　　　　　（　　　　　）

② 電源の電圧はそのままで，電熱線を電気抵抗の大きいものにかえる。（　　　　　）

㋐ 大きくなる。　　㋑ 小さくなる。　　㋒ 変わらない。

(4) 電流を流したときにコイルが動くのは，電流が磁界から力を受けるからである。次の㋐～㋓のうち，このしくみを利用しているものを1つ選び，記号で答えなさい。（　　　　　）

㋐ 乾電池　　㋑ 発電機　　㋒ モーター　　㋓ 蛍光灯

≫ステップ1 2

4 図のように，コイルと検流計をつなぎ，棒磁石のS極をコイルに近づけると，コイルに電流が流れて検流計の指針が左に振れた。これについて，あとの問いに答えよ。　28点(各4点)

(1) 図のような操作で電流が流れる現象を何というか。
（　　　　　　　　）

(2) (1)のときに流れる電流を何というか。
（　　　　　　　　）

(3) 次の①，②の操作をすると，検流計の指針は，右と左のどちらに振れるか。

① 近づけたS極を，コイルから遠ざける。　　　　　　　　　（　　　　　）

② 棒磁石の向きを変えて，N極をコイルに近づける。　　　　（　　　　　）

(4) 次の文は，発生する電流を大きくする方法を述べたものである。①～③にあてはまることばをそれぞれ1つ選び，㋐～㋙の記号で書きなさい。

①（　　　）②（　　　）③（　　　）

　発生する電流を大きくするには，棒磁石を動かす速さを①㋐ 速く　㋑ 遅く したり，棒磁石を磁力の②㋒ 強い　㋓ 弱い ものにかえたり，コイルの巻数を③㋔ 多く　㋕ 少なく したりすればよい。

≫ステップ1 3

5 図は，2種類の電流を，オシロスコープを使って調べたときの波形である。これについて，あとの問いに答えよ。　15点(各5点)

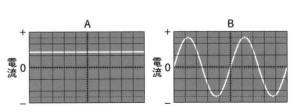

(1) A，Bのような電流をそれぞれ何というか。
A（　　　　）B（　　　　）

(2) 家庭のコンセントから流れる電流は，A，Bのどちらか。（　　　　）

≫ステップ1 3

ヒント 3 (3)②電気抵抗を大きくすると，回路を流れる電流は小さくなる。

第**14**回
ステップ**1**

運動とエネルギー

❶水中の物体にはたらく力

●水(の重さ)による圧力を**水圧**と
いう。

> ・水圧はあらゆる向きからはたらく。
> ・水圧は水面から深いほど大きくなる。

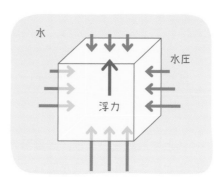

水

水圧

浮力

（ここに注意）
浮力の大きさは,
水面からの深さに
は関係しない。

●上面と下面にはたらく**水圧の差**
によって**浮力**が生じる。

❷力の合成・分解

●2つの力と同じはたらきをする1つの力(**合力**)を求めることを**力の合成**という。

一直線上で同じ向きにはたらく2力の合成

力の大きさ:2力の和
力の向き:2力と同じ向き

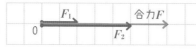

一直線上で反対向きにはたらく2力の合成

力の大きさ:2力の差
力の向き:大きいほうの
　　　　　力と同じ向き

角度をもってはたらく2力の合成

合力は, F_1とF_2を
2辺とする平行四辺
形の対角線

力の分解

分力は, Fを対角線
とする平行四辺形
の2辺

●1つの力と同じはたらきをする2つの力(**分力**)を
求めることを**力の分解**という。

❸運動の規則性

●運動の向きに同じ大きさの力がはたらき続けると,
物体の速さは一定の割合で**大きくなっていく**。
　例 斜面を下る台車の運動

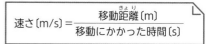

$$速さ〔m/s〕＝\frac{移動距離〔m〕}{移動にかかった時間〔s〕}$$

●**一定の速さ**で**一直線上を動く運動**を**等速直線運動**という。

運動の向きと反対向きに力が
はたらき続けると, 物体の速
さは小さくなっていく。
例 斜面を上る台車の運動

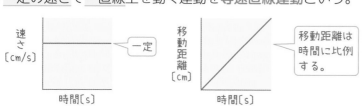

時間と速さの関係　　　　時間と移動距離の関係

- 物体に力がはたらいていないとき
や，力がはたらいていてもそれら
がつり合っているときは，静止し
ている物体は静止し続け，動いて
いる物体は<u>等速直線運動</u>を続ける。
これを<u>慣性の法則</u>という。

急発進

静止し続けようとして，
後ろに傾く。

急停止

運動し続けようとして，
前に傾く。

- ある物体に力を加えると，同時にそ
の物体から，<u>同一直線上</u>で，<u>反対向</u>
<u>き</u>に，<u>同じ大きさ</u>の力を受ける。

> 作用・反作用の２力は，２つの物体に
> 別々にはたらく。

押す力(作用)

押し返される力(反作用)

作用によって，前に進む。

反作用によって，後ろへ進む。

④ 力学的エネルギー

- 物体に力を加え，その力の向きに動かしたとき，その
力は物体に対して<u>仕事</u>をしたという。単位には<u>ジュー</u>
<u>ル</u>(記号 J)を使う。

> 仕事〔J〕＝力の大きさ〔N〕×力の向きに動いた距離〔m〕

- 一定時間(1 秒あたり)にする仕事を<u>仕事率</u>という。単
位には<u>ワット</u>(記号 W)を使う。

> $$仕事率〔W〕＝\frac{仕事〔J〕}{仕事にかかった時間〔s〕}$$

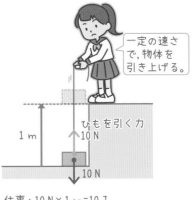
一定の速さ
で，物体を
引き上げる。

ひもを引く力
10 N

1 m

10 N

仕事：10 N × 1 m ＝ 10 J

- 仕事の量は，滑車や斜面などの道具を使っても使わなくても変わらない。これを<u>仕事の</u>
<u>原理</u>という。
- <u>位置エネルギー</u>は，物体の高さが高いほど，
<u>質量</u>が大きいほど大きい。
- <u>運動エネルギー</u>は，物体の<u>速さ</u>が大きいほど，
<u>質量</u>が大きいほど大きい。
- 位置エネルギーと運動エネルギーの和を<u>力学</u>
<u>的エネルギー</u>という。

> 摩擦や空気の抵抗がなければ，力学的エネルギーは
> 一定に保たれる。これを<u>力学的エネルギー保存の法</u>
> <u>則(力学的エネルギーの保存)</u>という。

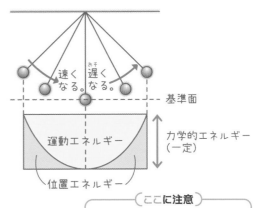
速く
なる。

遅く
なる。

基準面

運動エネルギー

力学的エネルギー
(一定)

位置エネルギー

（ここに注意）
位置エネルギーが減ると，その分，
運動エネルギーがふえる。

第
14
回

運動とエネルギー

時間 30 分　目標 70 点　得点　　点

解答 別冊 p.28

1 図のように，ばねばかりにおもりをつるして水中に沈めていき，A～Cでばねばかりが示す値を読みとって表にまとめた。これについて，あとの問いに答えよ。

15点(各5点)

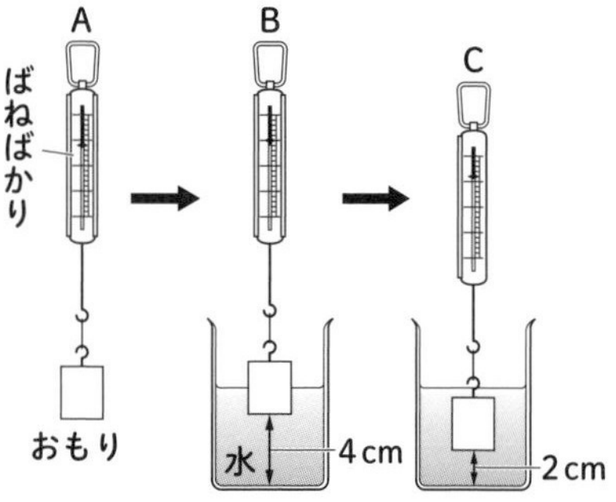

	A	B	C
ばねばかりの示す値〔N〕	1.2	1.0	0.8

(1) 水中の物体にはたらく上向きの力を何というか。（　　　）

(2) Bのとき，おもりにはたらく(1)の力の大きさは何Nか。（　　　）

[UP] (3) おもりを，Cのときよりさらに1cm深く沈めると，ばねばかりが示す値は何Nになると考えられるか。（　　　）

≫ステップ1 [1]

[UP] **2** 図は，斜面上で静止している物体にはたらく重力を，力の矢印で表したものである。この物体にはたらく重力を，斜面に平行な分力と，斜面に垂直な分力に分解しなさい。

5点

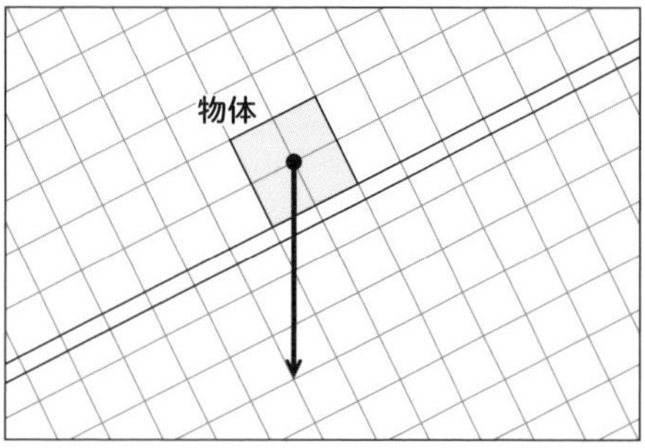

≫ステップ1 [2]

3 1秒間に50回打点する記録タイマーを使い，図1のように，台車に力を加えて動かして，台車の速さを調べた。図2は，そのときの記録テープに，5打点ごとに記号をつけたものである。これについて，あとの問いに答えよ。

15点(各5点)

図1

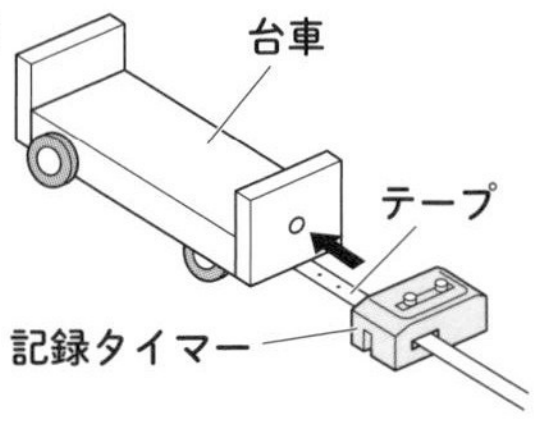

図2 ←テープを引いた向き

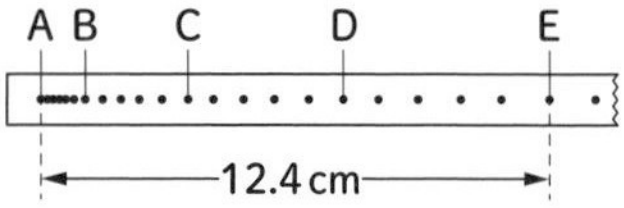

(1) この記録タイマーが5打点するのにかかる時間は何秒か。（　　　）

(2) 打点Aから打点Eが記録されるまでの，台車の平均の速さは何cm/sか。（　　　）

(3) 打点Aから打点Eまでの間で，台車の速さはどうなっているか。次の㋐～㋓から1つ選び，記号で答えなさい。（　　　）

㋐ だんだん速くなっている。
㋑ だんだん遅くなっている。
㋒ だんだん速くなった後，一定になっている。
㋓ 常に一定である。

≫ステップ1 [3]

4 図のように，一定の速さで直線上を走る電車に人が乗っている。これについて，あとの問いに答えよ。　15点(各5点)

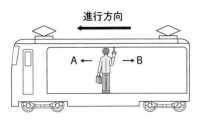

(1) この電車のように，一定の速さで直線上を動く運動を何というか。　　　（　　　　　　　　　）

(2) 電車が急ブレーキをかけると，電車に乗っていた人の体は，A，Bのどちらに傾くか。　（　　　　　　　）

(3) (2)のようになるのは，運動する物体に何という性質があるためか。　　　　　　　　　（　　　　　　　　　）

≫ステップ1 3

5 図のように，Aさんは3kgの荷物を，Bさんは2kgの荷物をそれぞれ3mの高さまで一定の速さで引き上げた。これについて，あとの問いに答えよ。ただし，100gの物体にはたらく重力の大きさを1Nとし，滑車とひもの重さや摩擦は考えないものとする。

30点(各5点)

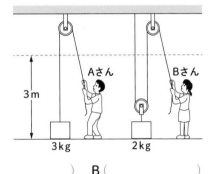

(1) AさんとBさんが行った仕事は，それぞれ何Jか。
A（　　　　　　　）　B（　　　　　　　）

(2) 荷物を引き上げるのに，Aさんは15秒，Bさんは12秒かかった。それぞれが行った仕事の仕事率は何Wか。　　A（　　　　　　　）　B（　　　　　　　）

(3) 仕事の能率がよいのは，Aさん，Bさんのどちらか。　　　　　（　　　　　　　）

(4) 道具を使っても使わなくても，仕事の量が変わらないことを何というか。
（　　　　　　　）

≫ステップ1 4

6 図は，ふりこの運動を表したもので，点Aではなしたおもりは，点Aと同じ高さの点Eまで上がった。これについて，あとの問いに答えよ。ただし，摩擦や空気の抵抗は考えないものとする。　20点(各5点)

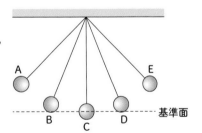

(1) おもりの位置エネルギーが最大になる点はどこか。点A〜Eから2つ選びなさい。　（　　　　　　　）

(2) おもりの速さがもっとも速い点はどこか。点A〜Eから1つ選びなさい。　（　　　　　　）

(3) 位置エネルギーと運動エネルギーの和を何というか。　（　　　　　　　）

(4) おもりが点Aから点Eまで運動する間，(3)のエネルギーの変化のようすをグラフに表すとどうなるか。次の⑦〜⑤から1つ選び，記号で答えなさい。　（　　　　　　）

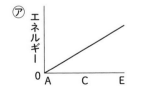
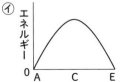
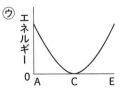

≫ステップ1 4

自然・科学技術と人間

❶ 自然界のつり合い

● ある地域に生息する<u>生物</u>たちと，それをとりまく<u>環境</u>を，１つのまとまりとしてとらえたものを<u>生態系</u>という。

● <u>食べる・食べられる</u>の関係でつながった，生物どうしのひとつながりを<u>食物連鎖</u>という。

> 網の目のように複雑にからみ合った，食物連鎖による生物どうしのつながりを食物網という。

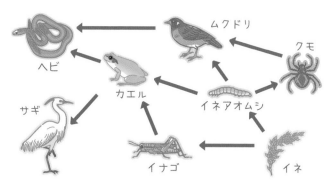

ムクドリ　クモ　ヘビ　カエル　イネアオムシ　サギ　イナゴ　イネ

● 生態系での生物の数量の関係は，植物などをもっとも下の層にした<u>ピラミッド</u>の形で表すことができる。

生物の数量　少　多　大形の肉食動物　小形の肉食動物　草食動物　消費者　植物　生産者

> 生産者
> 植物のように，みずから無機物から有機物をつくり出す生物。
> 消費者
> 生産者がつくった有機物を，ほかの生物を食べることでとり入れる生物。

――（ここに注意）――

生物の数量のつり合いはほぼ一定に保たれる。ただし，人間の活動や自然災害などで，そのつり合いがくずれると，もとの状態にもどらなくなることがある。

● 消費者の中で，生物の遺骸や排出物などから<u>有機物をとり入れて無機物に分解している</u>生物を<u>分解者</u>という。

> 分解者の例
> ・土の中の小動物（ミミズ，シデムシなど）
> ・微生物（菌類，細菌類）

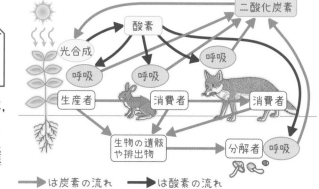

二酸化炭素　酸素　光合成　呼吸　呼吸　呼吸　生産者　消費者　消費者　生物の遺骸や排出物　分解者　呼吸

→ は炭素の流れ　⇒ は酸素の流れ

● 生物の体をつくる<u>炭素</u>などの物質は，食物連鎖や呼吸，分解などのはたらきで，<u>生物の体と外界との間を循環</u>している。

❷ エネルギーとエネルギー資源

● エネルギーはさまざまな装置を使うことで，たがいに変換できる。

エネルギーが変換されるとき，エネルギーの総量は変化せず，つねに一定である。これをエネルギー保存の法則（エネルギーの保存）という。

● 熱の伝わり方

熱伝導（伝導）
高温の部分から低温の部分へ直接熱が伝わる。

対流
温度が異なる気体や液体が移動して熱が伝わる。

熱放射（放射）
物体が光や赤外線を出して熱が伝わる。

● 火力発電や原子力発電は，化石燃料や核燃料を利用して熱エネルギーを得て，発電機を回している。

（ここに注意）
・化石燃料は埋蔵量に限りがある。また，燃やしたときに，地球温暖化の原因になる二酸化炭素が発生する。
・核燃料からは大量の放射線が発生するので，厳しい管理が必要となる。

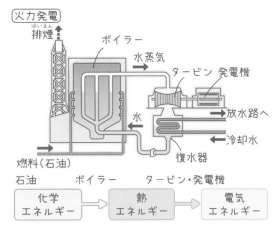

火力発電
排煙　ボイラー　水蒸気　タービン　発電機　放水路へ　冷却水　復水器　燃料（石油）　水

石油	ボイラー	タービン・発電機
化学エネルギー	熱エネルギー	電気エネルギー

● くり返し利用することができて，なくならないエネルギー資源を再生可能エネルギーという。

例 太陽光，風力，地熱，バイオマス

（ここに注意）
再生可能エネルギーによる発電には，設置場所が限られる，発電量が天候などに左右されるなどの短所がある。

❸ さまざまな物質とその利用

● 繊維には，綿や絹などの天然繊維と，人工的につくられた，ポリエチレンやナイロンなどの合成繊維がある。

● プラスチックは，石油などを原料として人工的につくられた有機物の総称である。

プラスチックの性質
・電気を通さない。
・水をはじく。
・じょうぶで割れにくい。
・熱するととけて燃える。
・腐らずさびない。
・加工しやすい。

自然・科学技術と人間

1 図は，ある地域に生息する植物と3種類の動物の間の，「食べられる→食べる」の関係を表したものである。これについて，あとの問いに答えよ。 24点(各6点)

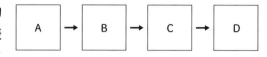

(1) 生物間の，食べる・食べられるという関係のつながりを何というか。 （　　　）

(2) 図のA～Dのうち，植物を表しているのはどれか。 （　　　）

(3) 生物A～Dの数量がつり合っているとき，数量の関係を模式的に表すとどうなるか。次の⑦～⑨から1つ選び，記号で答えなさい。 （　　　）

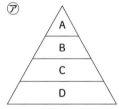 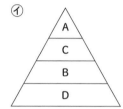 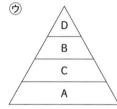 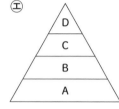

(4) 生物Cの数量が急激に増加すると，生物B，Dの数は一時的にどうなるか。次の⑦～⑨から1つ選び，記号で答えなさい。 （　　　）

⑦ BもDもふえる。

⑨ Bはふえるが，Dは減る。

⑨ Bは減るが，Dはふえる。

⑨ BもDも減る。

≫ステップ1 **1**

2 微生物のはたらきを調べる実験を行った。これについて，あとの問いに答えよ。 21点(各7点)

【実験】Ⅰ 植えこみの土を水の入ったビーカーに入れてかき混ぜ，上澄み液を2本の試験管に分けてA，Bとし，Bを図のように加熱して，沸騰させた。

Ⅱ A，Bの液をそれぞれろ紙にしみこませ，それぞれ別の寒天培地(寒天にデンプンなどを入れて固めたもの)に入れ，ふたをして4日間おいた。

Ⅲ それぞれの寒天培地にヨウ素(溶)液を加え，色の変化を調べた。

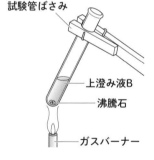

試験管ばさみ

上澄み液B
沸騰石
ガスバーナー

(1) 下線部の操作をするのはなぜか。その理由を説明しなさい。

（　　　　　　　　　　　　　　　）

(2) 【実験】のⅢで，ろ紙のまわりの色が変化しなかったのは，A，Bのどちらの液で実験した寒天培地か。 （　　　）

(3) 微生物は，生物の遺骸や排出物などから有機物をとり入れて無機物に分解している。このような生物は，生態系における役割から何とよばれるか。 （　　　）

≫ステップ1 **1**

3 図のA～Cの矢印は，それぞれ熱の伝わり方を表したものである。あとの問いに答えよ。

25点(各5点)

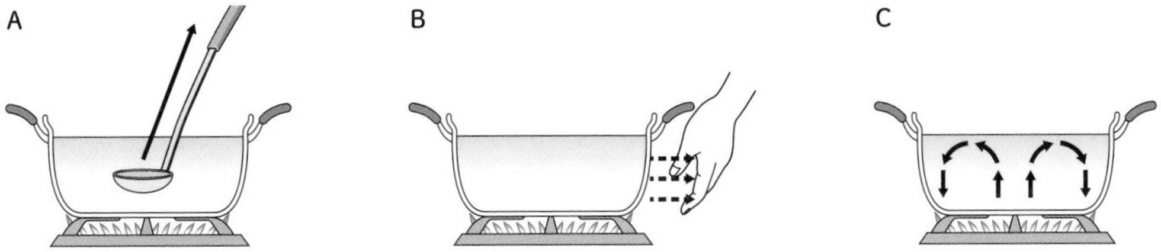

(1) それぞれの熱の伝わり方を何というか。

A（　　　　）　B（　　　　）　C（　　　　）

(2) 次の熱の伝わり方は，それぞれ図のA～Cのどれにあてはまるか。記号で答えなさい。

① 太陽の光で地面の温度が上がった。（　　　）

② エアコンから出る温風を下に向けると，部屋全体があたたまった。（　　　）

≫ステップ 1 [2]

4 日本のエネルギー利用について，あとの問いに答えよ。

30点(各6点)

[UP] (1) 現在，日本における主な電力供給源は火力発電である。

① 火力発電に使われる石油や石炭，天然ガスなど，大昔の生物の遺骸などが，長い年月を経て変化したエネルギー資源を何というか。（　　　　）

② ①の大量消費が原因の1つと考えられている，地球の平均気温が少しずつ上昇する現象を何というか。（　　　　）

(2) 原子力発電のエネルギーの変化の流れを，下の図に示した。図のX，Yにあてはまるエネルギーは何か。最も適当なものを，あとの㋐～㋕からそれぞれ1つ選び，記号で答えなさい。

X（　　　）　Y（　　　）

ウラン

X —原子炉→ Y —タービン・発電機→ 電気エネルギー

㋐ 運動エネルギー　㋑ 位置エネルギー

㋒ 熱エネルギー　㋓ 光エネルギー

㋔ 化学エネルギー　㋕ 核エネルギー

(3) 風力発電・太陽光発電に関する記述として，適当ではないものを，次の㋐～㋓から1つ選び，記号で答えなさい。（　　　）

㋐ 発電時に二酸化炭素や汚染物質を排出しない。

㋑ 身近にあるエネルギー源を有効に使うことができる。

㋒ 資源の枯渇の心配がない。

㋓ つねに安定した電気を供給することが可能である。

≫ステップ 1 [2]

ヒント 3 (2)②上昇気流や下降気流が生じ，空気が流動して部屋全体があたたまる。

4 (3)風力発電も太陽光発電も，天候などの条件によって発電量が大きく変化する。

第1回 高校入試実戦テスト

解答 別冊 p.32

1 図は，ゼニゴケ，タンポポ，スギナ，イチョウ，イネの5種類の植物を，「種子をつくる」，「葉，茎，根の区別がある」，「子葉が2枚ある」，「子房がある」の特徴に注目して，あてはまるものには○，あてはまらないものには×をつけ，分類したものである。これらの植物を分類したそれぞれの特徴は，図の①～④のいずれかにあてはまる。あとの問いに答えなさい。 24点(各4点) 〔兵庫県改題〕

図

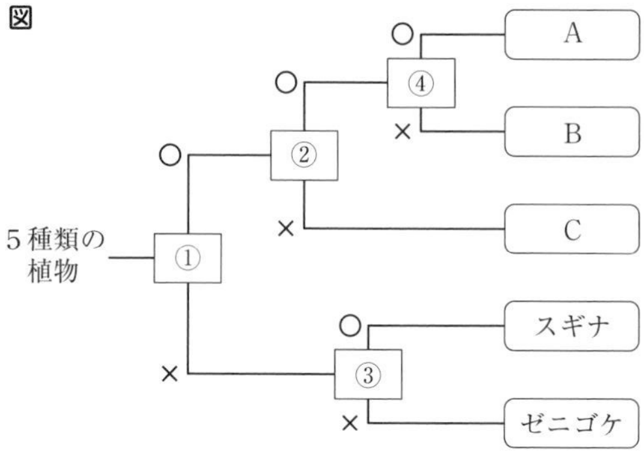

(1) 図の②，④の特徴として適切なものを，次の㋐～㋓からそれぞれ1つ選び，その記号を答えなさい。

㋐ 種子をつくる　㋑ 葉，茎，根の区別がある

㋒ 子葉が2枚ある　㋓ 子房がある

(2) 図のA～Cの植物として適切なものを，次の㋐～㋒からそれぞれ1つ選び，その記号を答えなさい。

㋐ タンポポ　㋑ イチョウ　㋒ イネ

(3) ゼニゴケの特徴として適切なものを，次の㋐～㋓から1つ選び，その記号を答えなさい。

㋐ 花弁はつながっている　㋑ 葉脈は平行に通る

㋒ 雄花に花粉のうがある　㋓ 水を体の表面からとり入れる

(1)	②	④			
(2)	A	B	C	(3)	

2 酸化銀を加熱したときの変化を調べるために，次の実験を行った。あとの問いに答えなさい。

12点(各3点) 〔沖縄県改題〕

【実験】 図のように，酸化銀を乾いた試験管Aに入れ，完全に反応させるため，気体が発生しなくなるまでガスバーナーで加熱した。はじめに出てきた気体を水で満たしておいた試験管Bに集めた後，続けて出てきた気体を試験管Cに集めた。

図

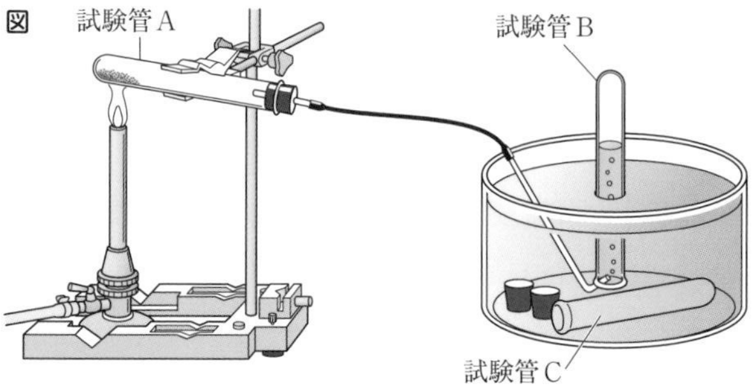

【結果】 酸化銀を加熱すると気体が発生し，試験管Aには酸化銀とは色の異なる物質が残った。

(1) 次の文は試験管Aに残った物質についてまとめたものである。文中の(①)～(③)にあてはまる語句の組み合わせとして，もっとも適当なものを次の㋐～㋓の中から1つ選び，その記号を答えなさい。

試験管Aに入れた加熱前の酸化銀は黒色であったが，加熱後試験管Aに残った物質は(①)であった。この物質をとり出し，みがくと光沢が出た。金づちでたたくと(②)。また，電気を通すか確認したところ(③)。

	①	②	③
㋐	赤褐色	粉々になった	電気を通した
㋑	赤褐色	薄く広がった	電気を通さなかった
㋒	白色	粉々になった	電気を通さなかった
㋓	白色	薄く広がった	電気を通した

(2) 発生した気体の性質を調べるとき，はじめに集めた試験管Bの気体を使わず，2本目の試験管Cの気体を調べた。その理由としてもっとも適当なものを次の㋐～㋔の中から1つ選び，その記号を答えなさい。

㋐ はじめに出てくる気体と，試験管Aにあった固体が入ってきてしまうため。
㋑ はじめに出てくる気体には，試験管Aにあった空気が多くふくまれるため。
㋒ はじめに出てくる気体には，試験管Aで発生した気体が多くふくまれるため。
㋓ はじめに出てくる気体が，水にとけにくいか調べるため。
㋔ はじめに出てくる気体は，高温であるため。

(3) 試験管Cに集めた気体の性質として，もっとも適当なものを次の㋐～㋕の中から1つ選び，その記号を答えなさい。

㋐ 石灰水を入れてよく振ると，石灰水が白くにごった。
㋑ においをかぐと，刺激臭があった。
㋒ マッチの火を近づけると，音を立てて燃えた。
㋓ 水でぬらした赤色リトマス紙を近づけると，青色になった。
㋔ 水を加えてよく振り，緑色のBTB(溶)液を入れると，黄色になった。
㋕ 火のついた線香を入れると，線香が炎を出して激しく燃えた。

[UP] (4) 試験管Aに入れた酸化銀を加熱したときに起こる化学変化を化学反応式で書きなさい。ただし，酸化銀の化学式は Ag_2O とする。化学式は，アルファベットの大文字，小文字，数字を書く位置や大きさに気をつけて書きなさい。

(1)		(2)		(3)	
(4)	$2Ag_2O \longrightarrow$				

[3] 図1のa～cの線は，日本の北緯35°のある地点Pにおける，春分，夏至，秋分，冬至のいずれかの日の太陽の動きを透明半球上で表したものである。また，図2は，太陽と地球および黄道付近にある星座の位置関係を模式的に示したもので，A～Dは，春分，夏至，秋分，冬至のいずれかの日の地球の位置を表している。あとの問いに答えなさい。 18点(各3点)〔富山県〕

図1

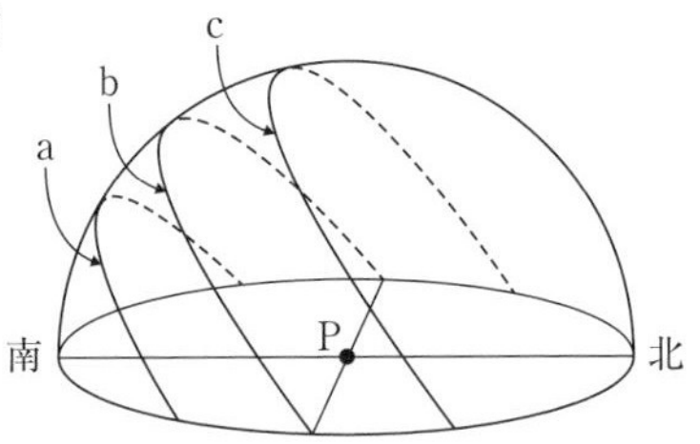

図2

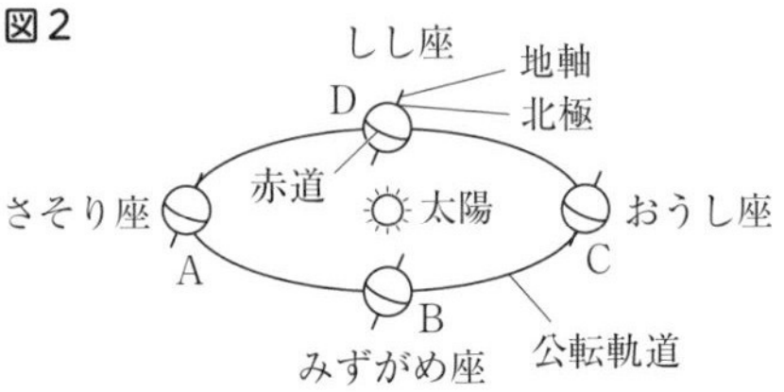

(1) **図1**において，夏至の日の太陽の動きを表しているのはa～cのどれか。また，**図2**において，夏至の日の地球の位置を表しているのはA～Dのどれか。それぞれ1つずつ選び，その記号を答えなさい。

(2) **図2**において，地球がCの位置にある日の日没直後に東の空に見える星座はどれか。次の㋐～㋓から1つ選び，その記号を答えなさい。

㋐ しし座　㋑ さそり座　㋒ みずがめ座　㋓ おうし座

(3) ある日の午前0時に，しし座が真南の空に見えた。この日から30日後，同じ場所で，同じ時刻に観察するとき，しし座はどのように見えるか。もっとも適切なものを次の㋐～㋓から1つ選び，その記号を答えなさい。

㋐ 30日前よりも東寄りに見える。

㋑ 真南に見え，30日前よりも天頂寄りに見える。

㋒ 30日前よりも西寄りに見える。

㋓ 真南に見え，30日前よりも地平線寄りに見える。

(4) **図3**のように，太陽光発電について調べる実験を行ったところ，太陽の光が光電池に垂直に当たる傾きにしたときに流れる電流がもっとも大きくなった。夏至の日の地点Pにおいて，太陽が南中するときに，太陽の光に対して垂直になるように光電池を設置するには傾きを何度にすればよいか。ただし，地球の地軸は公転面に対して垂直な方向から23.4°傾いているものとする。また，**図3**は実験の装置を模式的に表したものである。

図3

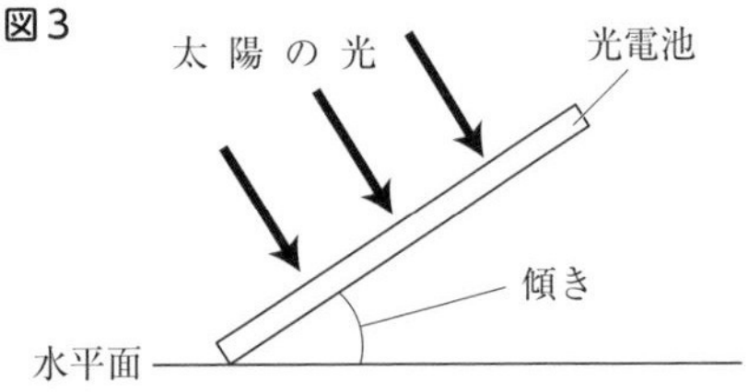

(5) 南緯35°のある地点Qにおける，ある日の天球上の太陽の動きとしてもっとも適切なものを，次の㋐～㋓から1つ選び，その記号を答えなさい。

㋐

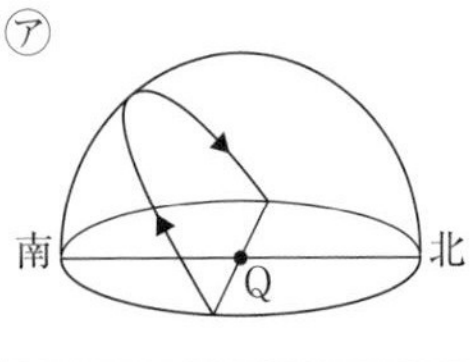

㋑

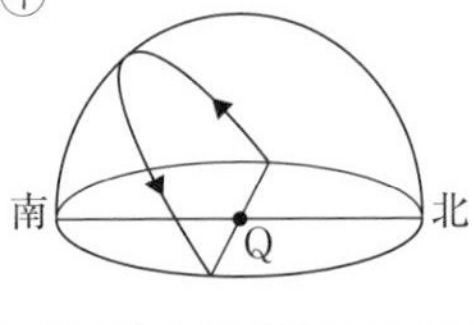

㋒

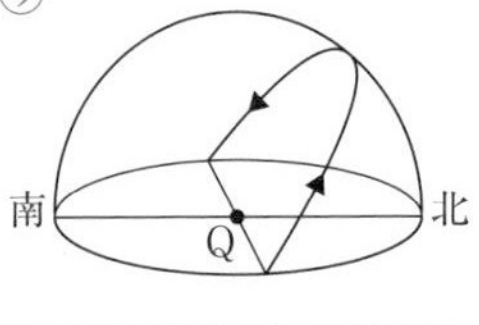

㋓

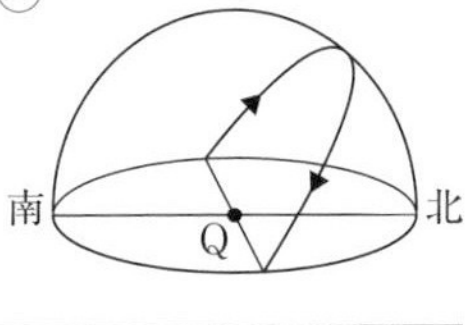

(1)	太陽の動き	地球の位置		(2)	
(3)		(4)		(5)	

4 **サンベさんとアオノさんは，凸レンズによってスクリーンにできる像について調べる目的で実験を行った。あとの問いに答えなさい。** 12点(各3点)〔島根県改題〕

【実験】

操作　**図1**のように，フィルター(光源)，焦点距離10 cmの凸レンズ，スクリーン，光学台を用いて装置を組み立てた。凸レンズの位置を固定し，フィルター(光源)を焦点距離の2倍の位置に固定してからスクリーンを動かしていくと，ある位置でフィルターの図形がスクリーンに**図2**のような像で映し出された。

図1

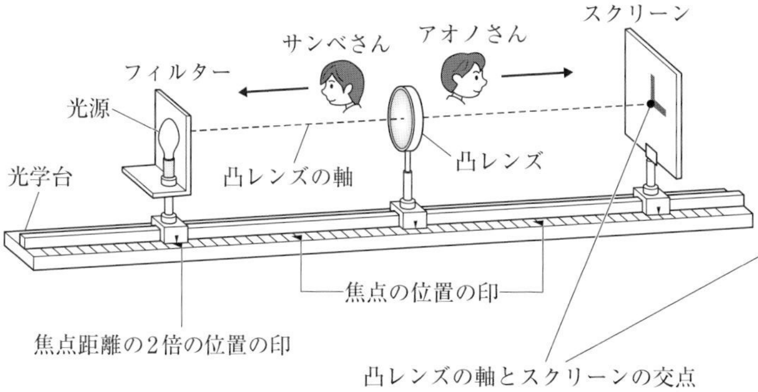

図2

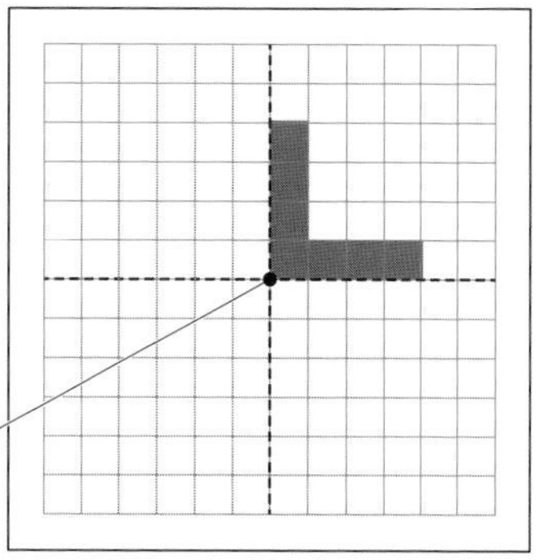

※縦横の補助線は像の大きさを調べるためのものである。

(1)　**図2**のように，凸レンズを通過した光がスクリーンに集まってできる像を何というか。

(2)　**図2**の像は，フィルターの図形と同じ大きさであった。凸レンズとスクリーンの距離は何cmか。

UP (3)　**図2**は，アオノさんが凸レンズ側からスクリーンを観察したときに見られたものである。このときサンベさんが凸レンズ側からフィルターを見ると，どのような形が観察されるか，図形をかいて中をぬりつぶしなさい。ただし，**図2**の補助線と解答用紙の補助線は同じ間隔とする。また，**図2**と解答用紙の「•」は凸レンズの軸との交点を表している。

(4)　フィルター(光源)の位置とスクリーンの位置を操作すると，像の大きさが変わることに2人は気づいた。**図2**の像より大きな像ができる操作としてもっとも適当なものを，次の㋐～㋓から1つ選び，その記号を答えなさい。

㋐　スクリーンを凸レンズから遠ざけた後，フィルター(光源)を凸レンズに近づけた。

㋑　スクリーンを凸レンズから遠ざけた後，フィルター(光源)を凸レンズから遠ざけた。

㋒　スクリーンを凸レンズに近づけた後，フィルター(光源)を凸レンズに近づけた。

㋓　スクリーンを凸レンズに近づけた後，フィルター(光源)を凸レンズから遠ざけた。

(1)		(2)	cm	(3)	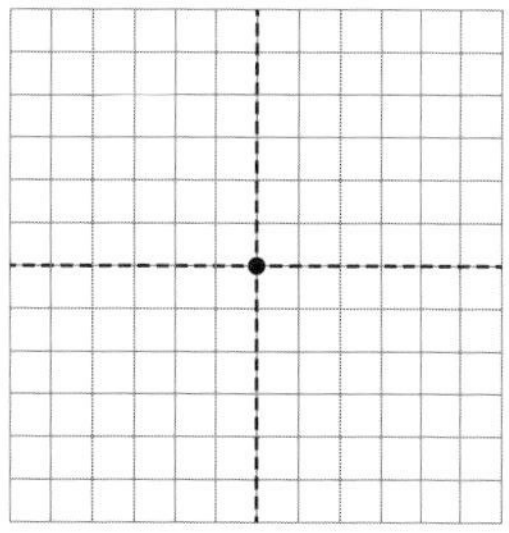
(4)					

5 **図1は，ヒトの血液の循環のようすを模式的に表したものである。あとの問いに答えなさい。** 10点(各2点)〔愛媛県改題〕

図1

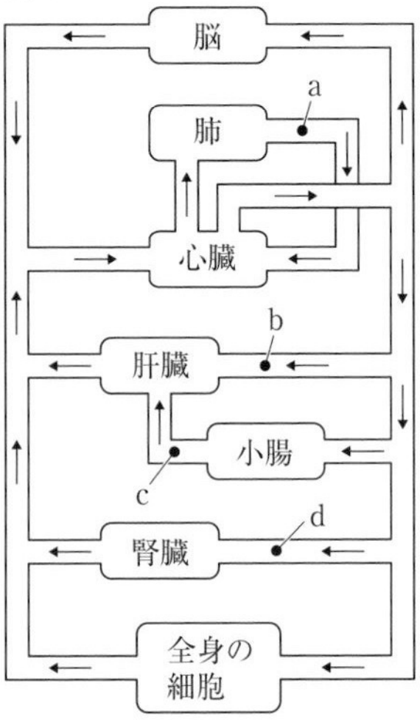

（→ は血管中の血液が流れる向きを示す。）

(1) **図1**のa～dのうち，(栄)養分をふくむ割合がもっとも高い血液が流れる部分として，もっとも適当なものを1つ選び，その記号を答えなさい。

(2) **図2**は，肺の一部を模式的に表したものである。気管支の先端にたくさんある小さな袋は何とよばれるか。

図2

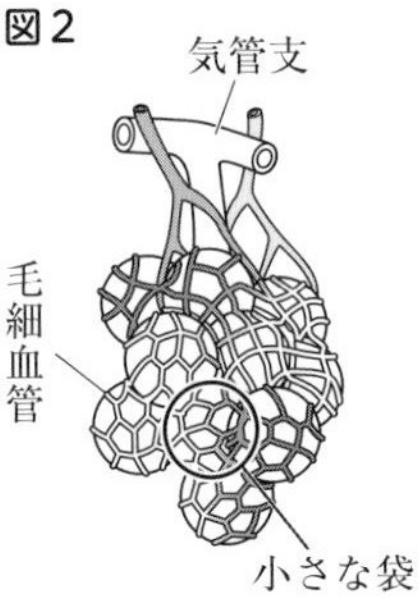

(3) 血液が，肺から全身の細胞に酸素を運ぶことができるのは，赤血球にふくまれるヘモグロビンの性質によるものである。その性質を，酸素の多いところと酸素の少ないところでのちがいが分かるように，それぞれ簡単に書け。

(4) 次の文の｛　　｝の中から，それぞれ適当なものを1つずつ選び，その記号を答えなさい。

> 細胞の生命活動によってできた有害なアンモニアは，①｛㋐　腎臓　　㋑　肝臓｝で無害な②｛㋒　グリコーゲン　　㋓　尿素｝に変えられる。

(1)		(2)	
(3)	酸素の多いところ		
	酸素の少ないところ		
(4)	①	②	

6 **水溶液の性質を調べるため，うすい硫酸が40 cm^3入っているビーカーAとうすい塩酸が40 cm^3入っているビーカーBを用意し，うすい水酸化バリウム水溶液を用いて，次の実験を行った。あとの問いに答えなさい。** 24点(各4点)〔北海道改題〕

実験[1]　ビーカーA，Bそれぞれに，BTB(溶)液を数滴加えたところ，いずれも水溶液は黄色になった。

[2]　**図**のように，[1]のA，Bそれぞれに，うすい水酸化バリウム水溶液を少しずつ加えた。Aは白い沈殿が生じ，20 cm^3加えたところで水溶液が緑色になったので，加えるのをやめた。Bは沈殿ができず，30 cm^3加えたところで水溶液が緑色になったので，加えるのをやめた。

図

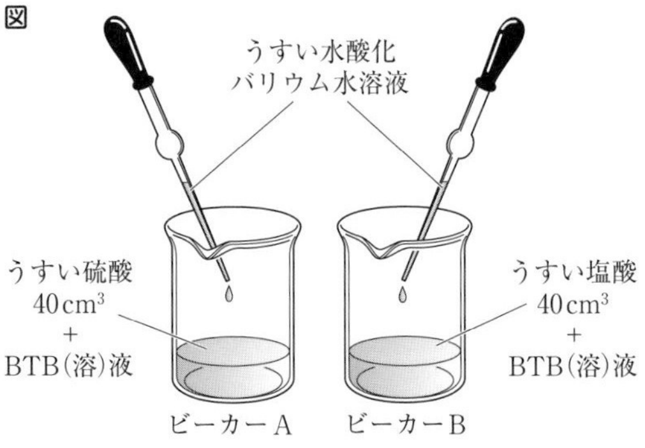

[3] さらに、A、Bそれぞれに、うすい水酸化バリウム水溶液を10 cm³加えると、いずれの水溶液も青色になった。

[4] Aのうすい硫酸が反応して生じた沈殿をすべてとり出し、質量をはかると0.5 gであった。

(1) 次の文について、 ① 、 ② にあてはまる語句を、それぞれ書きなさい。

> [1]において、ビーカーA、Bの水溶液がどちらも黄色になったことから、A、Bに共通してふくまれるイオンは ① イオンと考えられる。[2]において、A、Bの水溶液がそれぞれ緑色に変化したとき、この ① イオンと、加えたうすい水酸化バリウム水溶液にふくまれている ② イオンとが、すべて結びついて水になったと考えられる。

(2) 次の文の｜ ｜にあてはまるものを、それぞれ㋐、㋑から選び、その記号を答えなさい。

> ビーカーBにおいて、BTB(溶)液の代わりにフェノールフタレイン(溶)液を用いて実験を行った場合、うすい水酸化バリウム水溶液を加える量が①｜㋐ 20 cm³ ㋑ 30 cm³｜を超えると②｜㋐ 無色 ㋑ 黄色｜から③｜㋐ 赤色 ㋑ 青色｜に変化すると考えられる。

(3) [4]について、ビーカーAに加えたうすい水酸化バリウム水溶液の体積と、生じた沈殿の質量の関係を表したグラフとして、もっとも適当なものを㋐〜㋕から1つ選び、その記号を答えなさい。

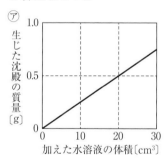
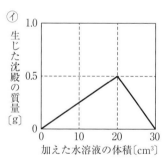
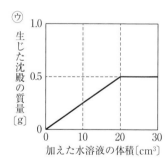

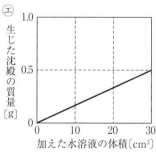
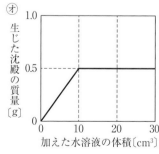
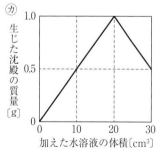

(1)	①		②	
(2)	①	②	③	(3)

時間 40 分　目標 70 点

得点

点

解答 別冊 p.35

1 大地の成り立ちと変化に関する次の問いに答えなさい。

20点(各5点) 〔静岡県〕

(1) 日本付近には，太平洋プレート，フィリピン海プレート，ユーラシアプレート，北アメリカプレートがある。次の㋐～㋔の中から，太平洋プレートの移動方向とフィリピン海プレートの移動方向を矢印(⇨)で表したものとして，もっとも適切なものを1つ選び，その記号を答えなさい。

(2) 図は，中部地方で発生した地震において，いくつかの観測地点で，この地震が発生してからP波が観測されるまでの時間(秒)を，○の中に示したものである。

図

① 図の㋐～㋔の印で示された地点の中から，この地震の推定される震央として，もっとも適切なものを1つ選び，その記号を答えなさい。ただし，この地震の震源の深さは，ごく浅いものとする。

② 次の　　　　　の中の文が，気象庁によって緊急地震速報が発表されるしくみについて適切に述べたものとなるように，文中の(X)，(Y)のそれぞれに補う言葉の組み合わせとして，下の㋐～㋔の中から正しいものを1つ選び，その記号を答えなさい。

> 緊急地震速報は，P波がS波よりも速く伝わることを利用し，(X)を伝えるS波の到達時刻やゆれの大きさである(Y)を予想して，気象庁によって発表される。

㋐　X 初期微動　Y 震度　　　　　　㋑　X 主要動　Y 震度

㋒　X 初期微動　Y マグニチュード　㋓　X 主要動　Y マグニチュード

③ 地震発生後，震源近くの地震計によってP波が観測された。観測されたP波の解析をもとに，気象庁によって図の地点Aをふくむ地域に緊急地震速報が発表された。震源から73.5 km離れた地点Aでは，この緊急地震速報が発表されてから，3秒後にP波が，12秒後にS波が観測された。S波の伝わる速さを3.5 km/sとすると，P波の伝

わる速さは何 km/s か。小数第２位を四捨五入して，小数第１位まで書きなさい。ただし，Ｐ波とＳ波が伝わる速さはそれぞれ一定であるものとする。

(1)		(2)	①	②	③ km/s

[2] 電流とその利用に関する次の問いに答えなさい。

24点(各６点)〔愛媛県改題〕

【実験１】 電熱線ａを用いて，**図１**のような装置をつくった。電熱線ａの両端に加える電圧を 8.0 V に保ち，８分間電流を流しながら，電流を流し始めてからの時間と水の上昇温度との関係を調べた。この間，電流計は 2.0 A を示していた。次に，電熱線ａを電熱線ｂにかえて，電熱線ｂの両端に加える電圧を 8.0 V に保ち，同じ方法で実験を行った。**図２**は，その結果を表したグラフである。

図１

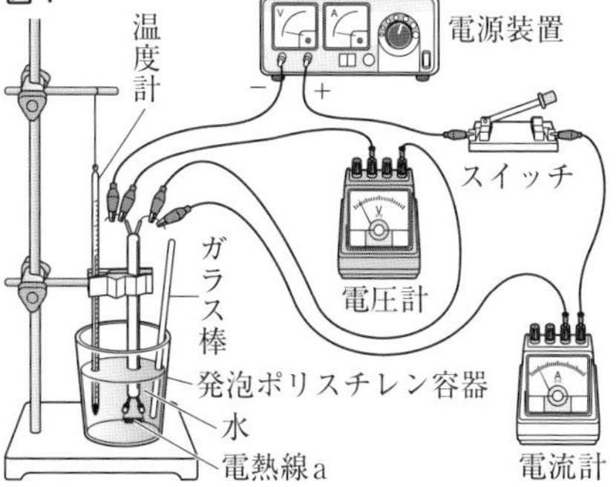

【実験２】 **図１**の装置で，電熱線ａの両端に加える電圧を 8.0 V に保って電流を流し始め，しばらくしてから，電熱線ａの両端に加える電圧を 4.0 V に変えて保つと，電流を流し始めてから８分後に，水温は 8.5 ℃上昇していた。下線部のとき，電流計は 1.0 A を示していた。

ただし，実験１・２では，水の量，室温は同じであり，電流を流し始めたときの水温は室温と同じにしている。また，熱の移動は電熱線から水への移動のみとし，電熱線で発生する熱はすべて水の温度上昇に使われるものとする。

図２

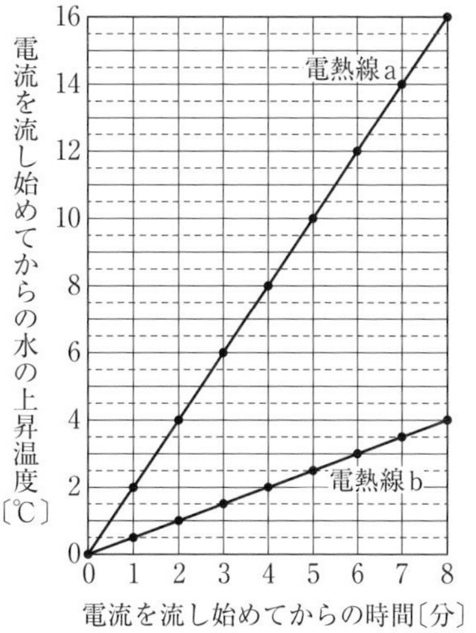

(1) 電熱線ａの電気抵抗の値は何Ωか。

(2) 次の文の①，②の｛ ｝の中から，それぞれ適当なものを１つずつ選び，その記号を答えなさい。

> 実験１で，電熱線ａが消費する電力は，電熱線ｂが消費する電力より①｛㋐ 大きい ㋑ 小さい｝。また，電熱線ａの電気抵抗の値は，電熱線ｂの電気抵抗の値より②｛㋒ 大きい ㋓ 小さい｝。

(3) 実験２で，電圧を 4.0 V に変えたのは，電流を流し始めてから何秒後か。次の㋐〜㋓のうち，最も適当なものを１つ選び，その記号を答えなさい。

㋐ 30秒後 ㋑ 120秒後 ㋒ 180秒後 ㋓ 240秒後

(1)	Ω	(2)	①	②	(3)	

[3] **図１は，ある森林の中の一部の生物を，食物連鎖に着目して分けた模式図である。あとの問いに答えなさい。**

12点(各４点)〔静岡県〕

図１

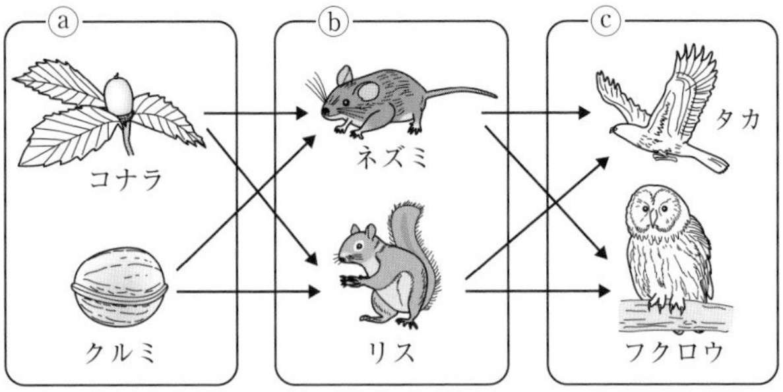

(注) 矢印(⟶)は食べる・食べられるの関係を表し，矢印の先の生物は，矢印のもとの生物を食べる。

(1) ⓑのネズミは哺乳類，ⓒのタカは鳥類に分類される。次の㋐～㋓の中から，ネズミとタカに共通してみられる特徴として，適当なものを２つ選び，その記号を答えなさい。

㋐ えらで呼吸する。

㋑ 肺で呼吸する。

㋒ 背骨がある。

㋓ 体の表面はうろこでおおわれている。

(2) **図１**の，ⓑの生物とⓒの生物の数量のつり合いがとれた状態から，何らかの原因でⓒの生物の数量が減少した状態になり，その状態が続いたとする。**図２**は，このときの，ⓑの生物とⓒの生物の数量の変化を模式的に表したものである。**図２**のように，ⓑの生物の数量が増加すると考えられる理由と，その後減少すると考えられる理由を，食物連鎖の食べる・食べられるの関係がわかるように，それぞれ簡単に書きなさい。ただし，ⓑの生物の増減は，**図１**の食物連鎖のみに影響されるものとする。

図２

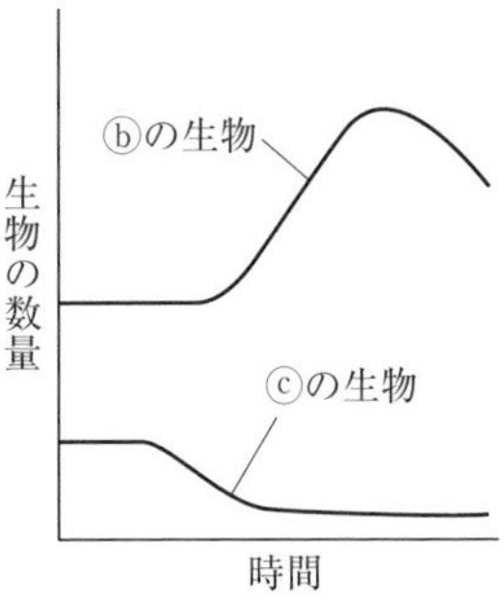

[UP] (3) 植物などの生産者が地球上からすべていなくなると，水や酸素があっても，地球上のほとんどすべての動物は生きていくことができない。植物などの生産者が地球上からすべていなくなると，水や酸素があっても，地球上のほとんどすべての動物が生きていくことができない理由を，植物などの生産者の果たす役割に関連づけて，簡単に書きなさい。

(1)	
(2)	増加
	減少
(3)	

[4] **太郎さんは田んぼでカエルの卵のかたまりを見つけたので，持ち帰って観察した。表の段階A～Dは観察の結果をまとめたノートの一部である。また，❶～❸は生殖や発生について調べてわかったことである。あとの問いに答えなさい。**

20点(各5点) 〔富山県〕

表

段階	A	B	C	D
スケッチ	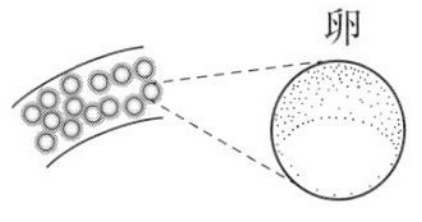	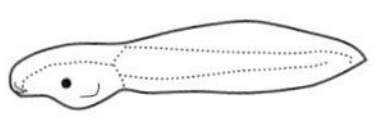	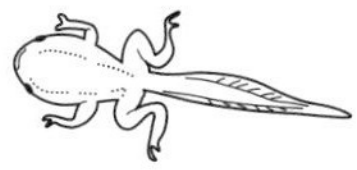	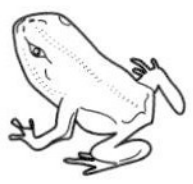
日数	1日目	10日目	40日目	50日目
メモ	卵は透明なゼリー状の管の中にあった。 卵の大きさ3mm	エサを与えたら，はじめて食べた。 体長16mm	前後のあしが出そろった。 体長23mm	尾がなくなり，成体になった。 体長10mm

❶ 精子や卵といった生殖細胞がつくられるときには，特別な細胞分裂が行われる。
❷ このカエルはアマガエルで，体をつくる細胞の染色体数は24本である。
❸ 生殖には有性生殖と無性生殖があり，カエルは有性生殖で子孫をふやす。

(1) 次の㋐～㋓は，段階Aから段階Bに発生が進む過程をスケッチしたものである。発生が進んだ順に並べ，記号で答えなさい。

㋐
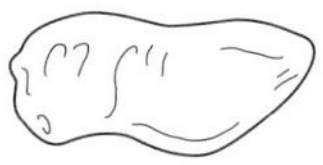

㋑
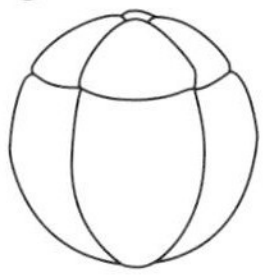

㋒
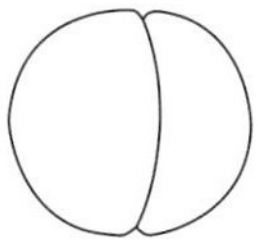

㋓
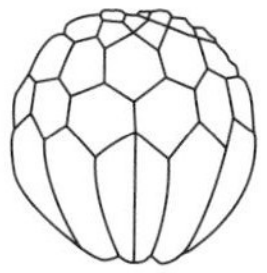

(2) ❶の細胞分裂を何というか，書きなさい。また，このカエルの雄がつくる精子の染色体数は何本か，❷を参考に求めなさい。

(3) ❸の下線部に関する説明として適切なものを，次の㋐～㋔からすべて選び，その記号を答えなさい。

㋐ 有性生殖では，生殖細胞が受精することによって新しい細胞がつくられ，それが子となる。
㋑ 有性生殖では，子は必ず親と同じ形質となる。
㋒ 無性生殖では，子は親の染色体をそのまま受け継ぐ。
㋓ 植物には，有性生殖と無性生殖の両方を行って子孫をふやすものもある。
㋔ 動物には，無性生殖を行って子孫をふやすものはいない。

(1)	→ → →			
(2)	名称	染色体数 本	(3)	

5 水溶液の性質を調べるため、3種類の白色の物質a，b，cを用いて【実験1】から【実験3】までを行った。これらの実験で用いた物質a，b，cは、硝酸カリウム、塩化ナトリウム、ミョウバンのいずれかである。あとの問いに答えなさい。 24点(各6点) 〔愛知県改題〕

【実験1】 ① 図1のように、ビーカーA，B，Cを用意し、それぞれのビーカーに15℃の水75gを入れた。

② ①のビーカーAには物質aを、ビーカーBには物質bを、ビーカーCには物質cを、それぞれ20g加え、ガラス棒で十分にかき混ぜ、物質a，b，cが水にとけるようすを観察した。

【実験1】の②では、ビーカーBとCには、白色の物質がとききらずに残っていた。

【実験2】 ① 【実験1】の②の後、ビーカーA，B，Cの水溶液をそれぞれガラス棒でかき混ぜながら、水溶液の温度が35℃になるまでおだやかに加熱し、水溶液のようすを観察した。

② すべてのビーカーについて水溶液の温度が5℃になるまで冷却し、水溶液のようすを観察した。

図1

表1は、【実験1】と【実験2】の結果についてまとめたものである。また、表2は、硝酸カリウム、塩化ナトリウム、ミョウバンについて、5℃、15℃、35℃の水100gにとかすことができる最大の質量を示したものである。

表1

白色の物質	5℃のとき	15℃のとき	35℃のとき
a	すべてとけた。	すべてとけた。	すべてとけた。
b	結晶が見られた。	結晶が見られた。	結晶が見られた。
c	結晶が見られた。	結晶が見られた。	すべてとけた。

表2

物質名	5℃	15℃	35℃
硝酸カリウム	11.7 g	24.0 g	45.3 g
塩化ナトリウム	35.7 g	35.9 g	36.4 g
ミョウバン	6.2 g	9.4 g	19.8 g

【実験3】 ① 図2のように、ビーカーDを用意し、硝酸カリウム50gと水を入れた。この水溶液をおだやかに加熱し、硝酸カリウムをすべてとかして、質量パーセント濃度20％の水溶液をつくった。

② ①の水溶液を冷やし、水溶液の温度を5℃まで下げた。

図2

74

(1) 次の文章は，物質が水にとける現象について説明したものである。文章中の（　Ⅰ　）から（　Ⅲ　）までにあてはまる語の組み合わせとしてもっとも適当なものを，下の㋐～㋗の中から1つ選び，その記号を書きなさい。

> 塩化ナトリウムや砂糖などの物質が，水にとけて均一になる現象を（　Ⅰ　）という。このとき，水にとけている物質を（　Ⅱ　），それをとかしている水を（　Ⅲ　）という。

㋐　Ⅰ　溶解，　Ⅱ　溶質，　Ⅲ　溶媒　　　　㋑　Ⅰ　溶解，　Ⅱ　溶質，　Ⅲ　溶液
㋒　Ⅰ　溶解，　Ⅱ　溶媒，　Ⅲ　溶質　　　　㋓　Ⅰ　溶解，　Ⅱ　溶媒，　Ⅲ　溶液
㋔　Ⅰ　再結晶，　Ⅱ　溶質，　Ⅲ　溶媒　　　㋕　Ⅰ　再結晶，　Ⅱ　溶質，　Ⅲ　溶液
㋖　Ⅰ　再結晶，　Ⅱ　溶媒，　Ⅲ　溶質　　　㋗　Ⅰ　再結晶，　Ⅱ　溶媒，　Ⅲ　溶液

(2) 【実験1】と【実験2】の結果から考えると，白色の物質a，b，cはそれぞれ何か。その組み合わせとしてもっとも適当なものを，次の㋐～㋕の中から1つ選び，その記号を書きなさい。

㋐　a　硝酸カリウム　　　b　塩化ナトリウム　　　c　ミョウバン
㋑　a　硝酸カリウム　　　b　ミョウバン　　　　　c　塩化ナトリウム
㋒　a　塩化ナトリウム　　b　硝酸カリウム　　　　c　ミョウバン
㋓　a　塩化ナトリウム　　b　ミョウバン　　　　　c　硝酸カリウム
㋔　a　ミョウバン　　　　b　硝酸カリウム　　　　c　塩化ナトリウム
㋕　a　ミョウバン　　　　b　塩化ナトリウム　　　c　硝酸カリウム

(3) 【実験3】の②で，水溶液の温度を5℃まで下げたところ，硝酸カリウムが結晶として出てきた。出てきた硝酸カリウムの結晶は何gか。次の㋐～㋗の中からもっとも適当なものを1つ選び，その記号を書きなさい。

㋐　15.9 g　　㋑　20.8 g　　㋒　23.4 g　　㋓　26.6 g
㋔　30.2 g　　㋕　32.4 g　　㋖　34.7 g　　㋗　38.3 g

(4) 物質aについては，【実験2】の後，ビーカーAの水溶液の温度をさらに下げても結晶が得られなかった。一度とかした物質aを再び結晶としてとり出すためにはどのようにすればよいか，20字以内で説明しなさい。
ただし，「水溶液を…」という書き出しで始め，「水」という語を用いること。
(注意)句読点も1字に数えること。

(1)		(2)		(3)	
(4)	水溶液を				

時間 **40** 分 ｜目標 **70** 点

得点

点

解答 別冊 p.38

1 次の文章は，明日香さんが，陸上と海上の気温と日本の気象の関係について調べてまとめたものの一部である。あとの問いに答えなさい。 15点(各5点) 〔京都府〕

> 陸と海とでは，太陽から受けとる光によるあたたまり方に差があるため，陸上の気温と海上の気温に差がうまれ，風が吹くことがある。たとえば，晴れた日の昼，海岸付近で，海から陸に向かう風が吹くのは，陸上の気温の方が海上の気温より ___A___ ことで，陸上に ___B___ ができるためである。
>
> また，陸と海が太陽から受けとる光の量は季節によって変化するため，陸上の気温と海上の気温の差も季節によって変化する。この変化は，陸上や海上の①気団の発達や衰退に影響するため，日本付近では②季節ごとに特徴的な気圧配置が形成されることで，季節ごとの天気に特徴が生じる。

(1) 文章中の ___A___ ・ ___B___ に入る表現の組み合わせとしてもっとも適当なものを，次のⅰ群の㋐〜㋑から1つ選び，その記号を書きなさい。また，文章中の下線部①気団について，下のⅱ群の㋕〜㋘の日本付近でみられる気団のうち，冷たく湿っているという性質をもつ気団としてもっとも適当なものを1つ選び，その記号を書きなさい。

ⅰ群 ㋐ A：高くなる B：上昇気流 ㋑ A：高くなる B：下降気流
　　　㋒ A：低くなる B：上昇気流 ㋑ A：低くなる B：下降気流

ⅱ群 ㋕ 小笠原気団 ㋖ シベリア気団 ㋗ オホーツク海気団

(2) 文章中の下線部②季節ごとに特徴的な気圧配置が形成されるについて，次の㋐〜㋑はそれぞれ，明日香さんが調べた日本付近の天気図のうち，春，つゆ，夏，冬のいずれかの季節の特徴的な天気図を模式的に表したものである。㋐〜㋑のうち，冬の特徴的な天気図を模式的に表したものとしてもっとも適当なものを1つ選び，その記号を書きなさい。

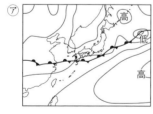

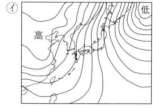

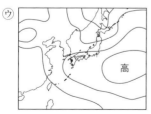

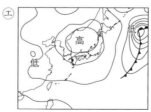

(1)	ⅰ群		ⅱ群		(2)	

[2] 物体の運動についての実験を行った。あとの問いに答えなさい。ただし，空気の抵抗や摩擦，記録テープの質量は考えないものとする。　20点(各5点)〔徳島県改題〕

【実験1】 ❶ 水平面に形と大きさが同じ3個の木片を積み，平らな板を置いて斜面をつくり，斜面上に点a，点b，点cをとった。

❷ 図1のように力学台車に糸でつないだばねばかりを斜面に平行になるように持ち，力学台車の前輪を点aに合わせ，力学台車が静止したときのばねばかりの値Aを調べた。

❸ ❷と同じように，力学台車の前輪を点bに合わせたときのばねばかりの値B，点cに合わせたときのばねばかりの値Cを調べた。

図1

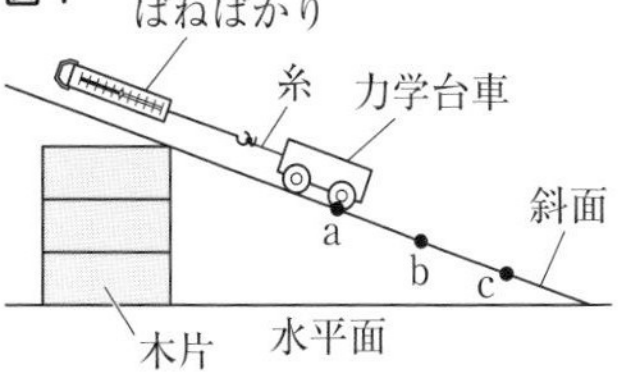

【実験2】 ❶ 図2のように，1秒間に60回打点する記録タイマーを斜面の上部に固定し，記録テープを記録タイマーに通して力学台車につけ，力学台車を手で支えて前輪を斜面上の点Pに合わせた。なお，斜面は点Qで水平面になめらかにつながっていることとする。

❷ 記録タイマーのスイッチを入れて，力学台車を支える手を静かに離し，力学台車を運動させた。

❸ 記録テープを6打点ごとに切り，左から時間の経過順に下端をそろえてグラフ用紙にはりつけた。図3は，この結果を示したものである。ただし，打点は省略している。

図2

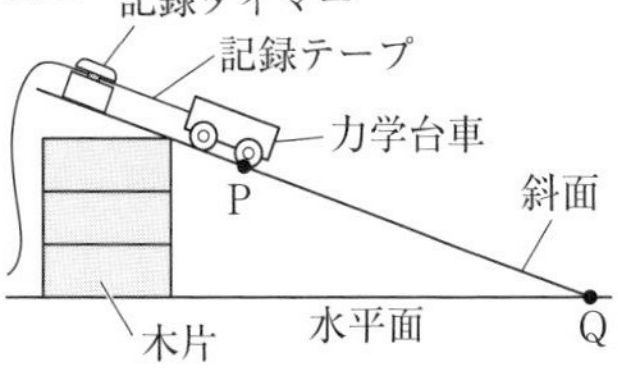

図3

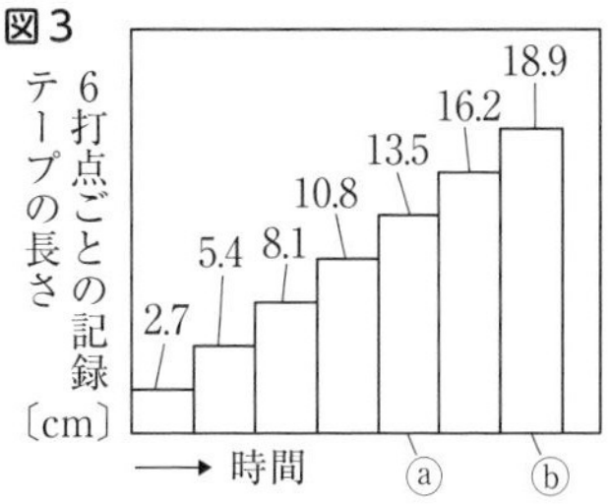

(1) 【実験1】で調べたばねばかりの値A～Cの大きさの関係として，正しいものはどれか，㋐～㋓から1つ選び，その記号を答えなさい。

㋐ A＝B＝C　㋑ A＜B＜C　㋒ A＞B＞C　㋓ A＜B，A＝C

[UP] (2) 図4は，【実験1】❷で力学台車にはたらく重力を矢印で示したものである。ばねばかりが糸を引く力を，矢印でかきなさい。ただし，作用点を「•」で示すこと。

図4

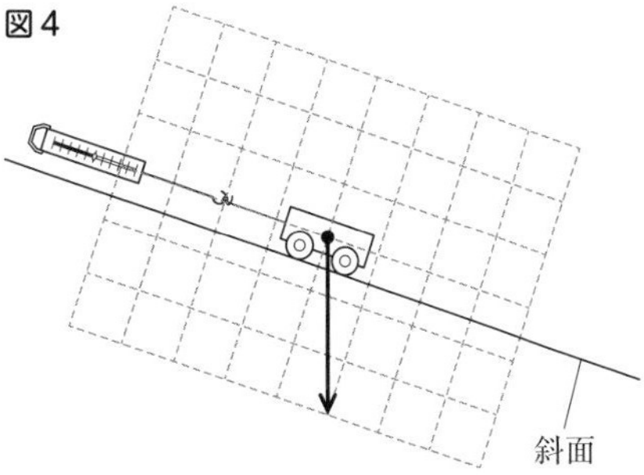

(3) 【実験2】について，①，②に答えなさい。

① 図3の記録テープⓐの打点を省略せずに示した図として正しいものを，次の㋐～㋓から1つ選び，その記号を答えなさい。ただし，→は力学台車が記録テープを引く向きを示している。

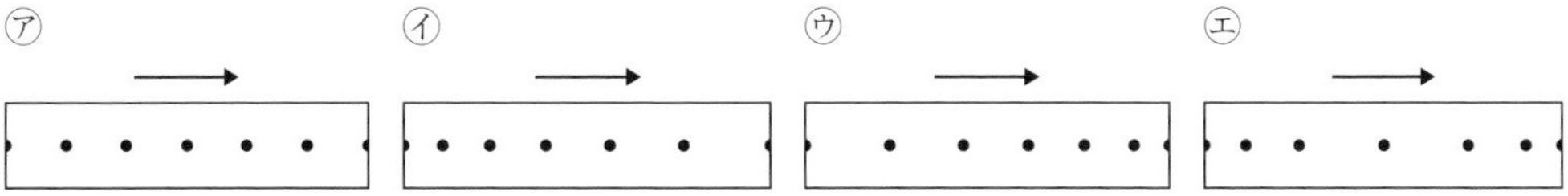

② 図3の記録テープⓑについて，この区間での力学台車の平均の速さは何cm/sか。

(1)		(2)	図4に記入	(3)	①	②	cm/s

[3] 鹿児島県に住むたかしさんは，ある日，日の出の１時間前に，東の空に見える月と金星を自宅付近で観察した。図１は，そのときの月の位置と形，金星の位置を模式的に表したものである。あとの問いに答えなさい。 20点(各５点)〔鹿児島県〕

図１

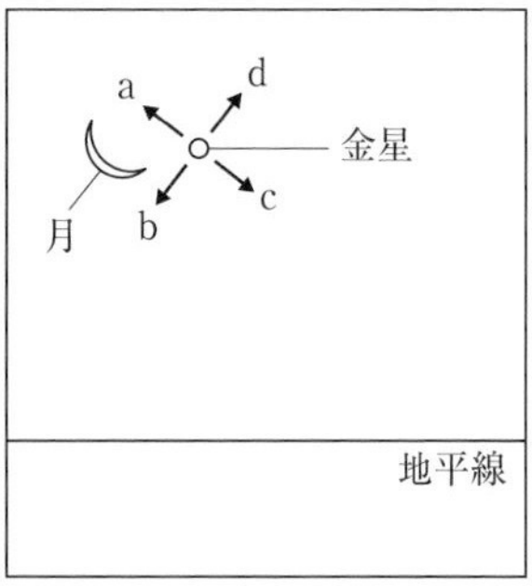

(1) 月のように，惑星のまわりを公転する天体を何というか。

(2) この日から３日後の月はどれか。もっとも適当なものを㋐～㋓から１つ選び，その記号を答えなさい。

㋐ 満月　　㋑ 上弦の月

㋒ 下弦の月　　㋓ 新月

(3) **図１**の金星は，30分後，**図１**のａ～ｄのどの向きに動くか。もっとも適当なものを１つ選び，その記号を答えなさい。

図２

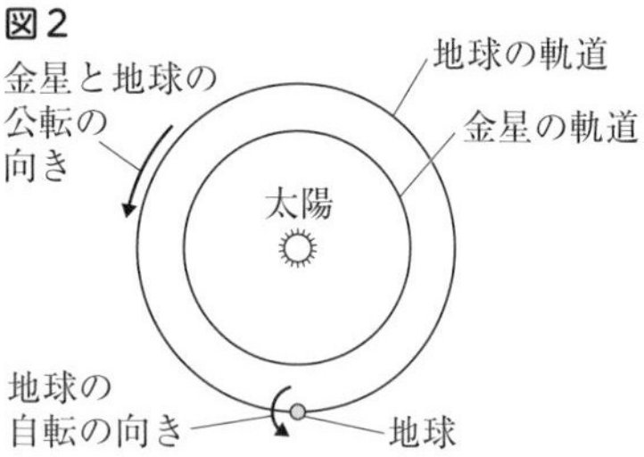

(4) **図２**は，地球の北極側から見た，太陽，金星，地球の位置関係を模式的に表したものである。ただし，金星は軌道のみを表している。また，**図３**は，この日，たかしさんが天体望遠鏡で観察した金星の像である。この日から２か月後の日の出の１時間前に，たかしさんが同じ場所で金星を天体望遠鏡で観察したときに見える金星の像としてもっとも適当なものを㋐～㋓から１つ選び，その記号を答えなさい。ただし，**図３**と㋐～㋓の像は，すべて同じ倍率で見たものであり，肉眼で見る場合とは上下左右が逆になっている。また，金星の公転周期は0.62年とする。

図３

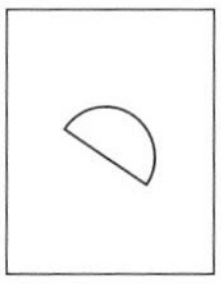

㋐

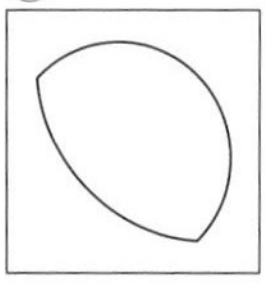

㋑

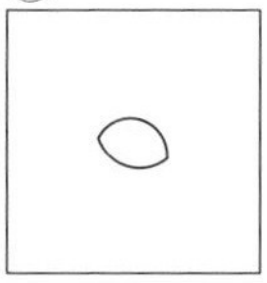

㋒

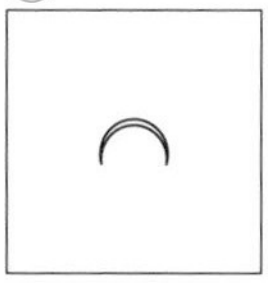

㋓

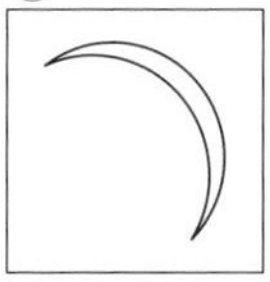

(1)		(2)		(3)		(4)	

[4] 生徒が書いたレポートの一部を読み，あとの問いに答えよ。 10点(各５点)〔2021年度・東京都改題〕

<レポート>しらす干しに混じる生物について

食事の準備をしていると，しらす干しの中にはイワシの稚魚だけではなく，エビのなかまやタコのなかまが混じっていることに気づいた。しらす干しは，製造する過程でイワシの稚魚以外の生物を除去していることがわかった。そこで，除去する前にどのような生物が混じっているのかを確かめることにした。

しらす漁の際に捕れた，しらす以外の生物が多く混じ

表

グループ	生物
A	イワシ・アジのなかま
B	エビ・カニのなかま
C	タコ・イカのなかま
D	二枚貝のなかま

っているものを購入し，それぞれの生物の特徴を観察し，**表**のように4グループに分類した。

(1) ＜レポート＞から，生物の分類について述べた次の文章の ① と ② にそれぞれあては
まるものとして適切なのは，下の㋐～㋓のうちではどれか。1つずつ選び，その記号を
答えなさい。

> 　**表**の4グループを，セキツイ動物とそれ以外の生物で2つに分類すると，セキツイ
> 動物のグループは， ① である。また，軟体動物とそれ以外の生物で2つに分類す
> ると，軟体動物のグループは， ② である。

 ① 　㋐　A 　　㋑　AとB 　　㋒　AとC 　　㋓　AとBとD

　② 　㋐　C 　　㋑　D 　　㋒　CとD 　　㋓　BとCとD

(1)	①		②	

5 電流と磁界の関係について，あとの問いに答えなさい。　　10点(各5点)〔兵庫県改題〕

(1) 厚紙の中央にまっすぐな導線を差しこみ，
そのまわりにN極が黒くぬられた磁針を**図
1**のように置いた。電流をa→bの向きに
流したときの磁針がさす向きとして適切な
ものを，次の㋐～㋓から1つ選び，その記
号を答えなさい。

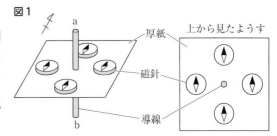

㋐　　　　　㋑　　　　　㋒　　　　　㋓

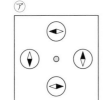 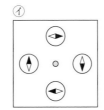 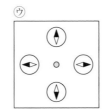 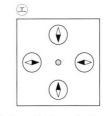

(2) U字形磁石の間に通した導線に，電流をa→bの向きに流すと，**図2**の矢印の向きに導
線が動いた。**図3**において，電流をb→aの向きに流したとき，導線はどの向きに動く
か。適切なものを，**図3**の㋐～㋓から1つ選び，その記号を答えなさい。

図2　　　　　　　　　　　図3

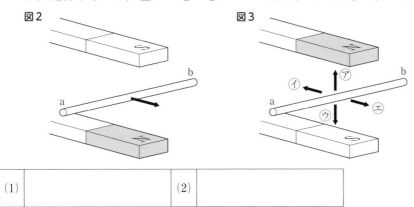

(1)		(2)	

6 次の実験について，あとの問いに答えなさい。 25点(各5点) 〔福島県改題〕

【実験】

Ⅰ　図のように，ステンレス皿に，銅の粉末とマグネシウムの粉末をそれぞれ1.80gはかりとり，うすく広げて別々に3分間加熱した。

Ⅱ　十分に冷ました後に，質量をはかったところ，どちらも加熱する前よりも質量が増加していた。

Ⅲ　再び3分間加熱し，十分に冷ました後に質量をはかった。この操作を数回繰り返したところ，<u>どちらも質量が増加しなくなった</u>。このとき，銅の粉末の加熱後の質量は2.25g，マグネシウムの粉末の加熱後の質量は3.00gであった。ただし，加熱後の質量は，加熱した金属の酸化物のみの質量であるものとする。

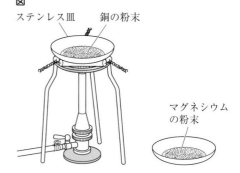

図　ステンレス皿　銅の粉末　マグネシウムの粉末

(1)　マグネシウムは，空気中の酸素と結びつき，酸化物を生じる。この酸化物の化学式を書きなさい。

(2)　加熱によって生じた，銅の酸化物とマグネシウムの酸化物の色の組み合わせとして正しいものを，右の㋐〜㋕の中から1つ選び，その記号を答えなさい。

	銅の酸化物	マグネシウムの酸化物
㋐	白色	白色
㋑	白色	黒色
㋒	赤色	白色
㋓	赤色	黒色
㋔	黒色	白色
㋕	黒色	黒色

(3)　下線部について，質量が増加しなくなった理由を，「銅やマグネシウムが」という書き出しに続けて書きなさい。

(4)　Ⅲについて，同じ質量の酸素と結びつく，銅の粉末の質量とマグネシウムの粉末の質量の比はいくらか。もっとも適切なものを，次の㋐〜㋕の中から1つ選び，その記号を答えなさい。

　　㋐　3：4　　㋑　3：8　　㋒　4：3　　㋓　4：5　　㋔　5：3　　㋕　8：3

(5)　銅の粉末とマグネシウムの粉末の混合物3.00gを，実験のように，質量が増加しなくなるまで加熱した。このとき，混合物の加熱後の質量が4.10gであった。加熱する前の混合物の中にふくまれる銅の粉末の質量は何gか。求めなさい。ただし，加熱後の質量は，加熱した金属の酸化物のみの質量であるものとする。

(1)		(2)	
(3)	銅やマグネシウムが		
(4)		(5)	g

別冊

取りはずしてご使用ください。

ホントにわかる
中学3年間の総復習
理科

解答と解説

新興出版社
shinko publishing

いろいろな生物とその共通点

本冊 p.6〜7

ステップ2

1　(1)ウ　(2)イ

2　(1)B…花弁　C…がく　F…子房　(2)受粉　(3)種子…E　果実…F　(4)ⓑ　(5)E　(6)種子植物

3　(1)裸子植物　(2)胚珠が子房の中にあるかどうか。　(3)イ　(4)胞子
　　(5)単子葉類…エ　シダ植物…オ

4　(1)記号…B　うまれ方…胎生　(2)C…ア　D…イ　(3)外とう膜
　　(4)ワニ…A　チョウ…G　クジラ…B

解説

1(1)　ルーペは必ず目に近づけて持つ。また，観察するものが動かせるときと動かせないときとで使い方が変わることに注意する。観察するものが動かせるときは，観察するものを前後に動かしてよく見える位置を探す。観察するものが動かせないときは，顔を前後に動かしてよく見える位置を探す。

(2)　重ねがき（一度かいた線をなぞる）したり，影をつけたりすると，線がぼやけて記録した特徴がわかりにくくなってしまう。

◆**生物の観察**
・ルーペでも観察できない小さなつくりは，双眼実体顕微鏡を使って観察するとよい。双眼実体顕微鏡は，観察物を 20 〜 40 倍程度で立体的に観察することができる。

2　Aは柱頭，Bは花弁，Cはがく，Dはやく，Eは胚珠，Fは子房である。

(2)(3)　めしべの柱頭に花粉がつくことを受粉といい，受粉後に子房は成長して果実になり，子房の中の胚珠は種子になる。

(4)　マツの花には，雌花と雄花があり，枝の先についているⓐが雌花である。どちらの花も花弁やがくはなく，りん片がたくさん集まったつくりをしている。

(5)　雌花（ⓐ）のりん片には胚珠がついている。胚珠は，花粉がつくと成長して種子になる。ただし，サクラとちがってマツには子房がないので，果実はできず，種子はむき出しになる。なお，雄花（ⓑ）のりん片についているのは花粉のうで，ここで花粉がつくられる。

(6)　種子植物のうち，胚珠が子房の中にある植物を被子植物，胚珠がむき出しの植物を裸子植物という。

◆**被子植物と裸子植物**
・被子植物の花は，種類によって花弁の形や色，おしべの数などが異なる。
・被子植物の花は，外側から，がく，花弁，おしべ，めしべの順についている。
・被子植物のおしべの先端にある袋をやくといい，花粉はここでつくられる。
・マツの花粉には空気袋があり，風に運ばれやすくなっている。
・マツは，花粉が胚珠に直接つくことで受粉する。その後，雌花は 1 年以上かかってまつかさになり，胚珠が種子になる。

3(1)(2)　種子植物は，胚珠が子房の中にある被子植物と，胚珠がむき出しの裸子植物に分けられる。

(3)　被子植物は，単子葉類と双子葉類に分けることができる。

単子葉類｛子葉は 1 枚。　葉脈は平行脈（平行な葉脈）。　根はひげ根。

双子葉類｛子葉は 2 枚。　葉脈は網状脈（網目状の葉脈）。　根は主根と側根。

(4)　シダ植物もコケ植物も，胞子のうという袋で胞子がつくられる。

イヌワラビ（シダ植物）　　　スギゴケ（コケ植物）

葉の裏

胞子のう

胞子

胞子のう

胞子

(5) アサガオは双子葉類，ゼニゴケはコケ植物，イチョウは裸子植物，ツユクサは単子葉類，イヌワラビはシダ植物に分類される。

◆ **植物の分類**
・シダ植物には葉・茎・根の区別があるが，コケ植物には葉・茎・根の区別がない。コケ植物には根のように見える部分があるが，これは仮根といって，おもに体を地面に固定するためのつくりである。
・ゼニゴケやスギゴケには，雌株と雄株があり，胞子のうは雌株にできる。

4　Aははちゅう虫類，Bは哺乳類，Cは魚類，Dは両生類，Eは無脊椎動物の**軟体動物**，Fは**鳥類**，Gは無脊椎動物の**節足動物**である。

(1) 母親の子宮（体）内である程度成長してから子がうまれる子のうまれ方を**胎生**という。Bの哺乳類以外の動物は，親が卵を産んで，卵から子がかえる**卵生**である。

(2) 両生類は，子（幼生）のときは水中で生活し，えらと皮膚で呼吸をする。親（成体）になるとおもに陸上で生活し，肺と皮膚で呼吸をするようになる。なお，⑰は節足動物の特徴，㊤は鳥類の特徴である。

(4) ワニははちゅう虫類，チョウは節足動物の**昆虫類**，クジラは水中で生活するが哺乳類である。

◆ **動物の分類**
・無脊椎動物には，節足動物や軟体動物のほかにも，下の図のような多くの種類の動物がふくまれる。

ミミズ　　　ウニ　　　クラゲ

ヒトデ　　　イソギンチャク

・植物を食べる動物を**草食動物**といい，ほかの動物を食べる動物を**肉食動物**という。

⟲入試につながる

● 草食動物と肉食動物の体のつくりのちがい

シマウマ（草食動物）

目は横向きについている。

視野（広）

立体的に見える範囲

肉食動物の接近に気づきやすい。

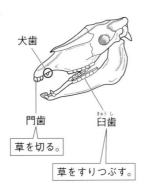

犬歯

門歯

臼歯

草を切る。

草をすりつぶす。

ライオン（肉食動物）

目は前向きについている。

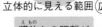

視野

立体的に見える範囲（広）

獲物との距離がはかりやすい。

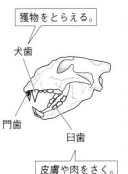

獲物をとらえる。

犬歯

門歯

臼歯

皮膚や肉をさく。骨をくだく。

生物の体のつくりとはたらき

本冊 p.10〜11

ステップ2

1 (1)A　(2)ⓐ…細胞膜　ⓑ…核　ⓓ…葉緑体　(3)①ⓑ　②ⓔ　(4)多細胞生物
2 (1)はたらき…光合成　記号…A　(2)気孔　(3)師管
　(4)呼吸よりも，光合成によって出入りする気体の量のほうが多いため。
3 (1)ウ　(2)胆汁　(3)イ　(4)①小腸　②表面積が大きくなるから。
4 (1)B，C　(2)体循環　(3)イ　(4)①F　②H
5 (1)中枢神経　(2)感覚神経　(3)①反射　②A→C→B

解説

1(1)　ⓒの**液胞**，ⓓの**葉緑体**，ⓔの**細胞壁**は，植物の細胞に特徴的なつくりである。

(3)①　顕微鏡を使って細胞を観察するとき，**核**はそのままではほとんど見ることができない。酢酸カーミン(溶)液や酢酸オルセイン(溶)液などの染色液を使うと，核に色がついて観察しやすくなる。

②　細胞壁は，細胞を保護して，植物の体の形を保つのに役立っている。なお，ⓒは液胞という袋状のつくりで，中は細胞の活動でできた物質がとけた液で満たされている。ⓓの葉緑体は，デンプンなどの(栄)養分をつくるはたらき(**光合成**)が行われる場所である。

◆体のなりたち

・**多細胞生物**では，形やはたらきが同じ細胞が集まって**組織**をつくり，いくつかの種類の組織が集まって特定のはたらきをする**器官**をつくっている。さらに，いくつかの器官が集まり**個体**ができている。

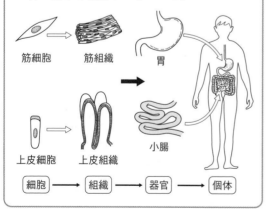

筋細胞　筋組織　胃
上皮細胞　上皮組織　小腸
細胞 → 組織 → 器官 → 個体

2(1)　植物は光が当たると，空気中の二酸化炭素と，根から吸い上げた水を原料にして，デンプンなどの(栄)養分をつくり出す(光合成)。このとき，酸素も発生する。また，植物は動物と同じように，酸素をとり入れて，二酸化炭素を出している(呼吸)。図の気体の流れを考えると，**A**は光合成，**B**は呼吸である。

(2)　**気孔**は，植物の表皮にある，2つの三日月形の細胞(孔辺細胞)で囲まれたすき間のことである。**蒸散**での水蒸気の出口でもある。

(4)　昼間，植物は光合成と呼吸を同時に行う。このとき，光合成によって出入りする気体の量が，呼吸によって出入りする気体の量より多いので，光合成だけが行われているように見える。

◆植物の体のつくりとはたらき

・葉でつくられたデンプンは，水にとけやすい物質に変わって，体全体に運ばれる。
・根の先端近くに生えている，小さな毛のようなものを**根毛**という。根毛があることで，根と土がふれる面積が大きくなり，水や水にとけた物質を吸収しやすくなる。
・気孔は，ふつう葉の裏側に多くあり，葉の表側や茎には少ない。

3(1)　**消化酵素**とは，**消化液**にふくまれる，食物を分解して吸収しやすい物質に変えるものである。いくつかの種類があり，それぞれ決まった物質にだけはたらく。唾液腺から出る唾液には，デンプンを分解するアミラーゼがふくまれている。

(2)　胆汁は肝臓でつくられて，胆のうにたくわえられる。

(4)　消化された養分は，小腸から吸収される。小腸の内側の壁には**柔毛**が無数にあり，これによっ

て，小腸を通る消化された食物と接する面積が大きくなる。

◆消化と吸収
- 口から食道，胃，小腸，大腸を通って肛門で終わる，食物が通る1本の管を**消化管**という。
- 柔毛の内部には，**毛細血管**と**リンパ管**が分布している。ブドウ糖とアミノ酸は，柔毛の表面から吸収されて毛細血管に入る。脂肪酸とモノグリセリドは，柔毛の表面から吸収された後，再び脂肪になってリンパ管に入る。

4(1) 酸素を多くふくむ血液を**動脈血**という。血液は肺で酸素を受けとるので，肺を通った後の血液が動脈血となる。

(3) **赤血球**には，**ヘモグロビン**という赤い物質がふくまれている。ヘモグロビンには，酸素の多いところでは酸素と結びつき，酸素の少ないところでは酸素をはなす性質がある。

(4) ブドウ糖は，小腸で吸収されて肝臓を通った後全身に運ばれる。また，**尿素**は，腎臓で余分な水分などとともに血液中からこし出される。

◆血液
- 心臓から送り出される血液が通る血管を**動脈**といい，心臓にもどってくる血液が流れる血管を**静脈**という。静脈にはところどころに，血液の逆流を防ぐための弁がある。
- 毛細血管から血しょうの一部がしみ出して，細胞のまわりを満たしている液を**組織液**という。

5(3) この反応では，脳に信号が伝わる前に，脊髄から直接命令が出される。

◆筋肉と骨格
- 筋肉は，関節をへだてた2つの骨についている。
- 関節の部分を動かすときは，対になっている一方の筋肉がちぢむと，もう一方の筋肉がゆるむ。

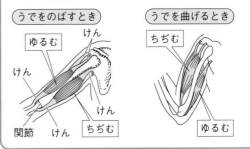

うでをのばすとき | ゆるむ | けん | けん | けん | ちぢむ | 関節 | けん

うでを曲げるとき | ちぢむ | ゆるむ

⊙ 入試につながる

●唾液のはたらきを確かめる実験

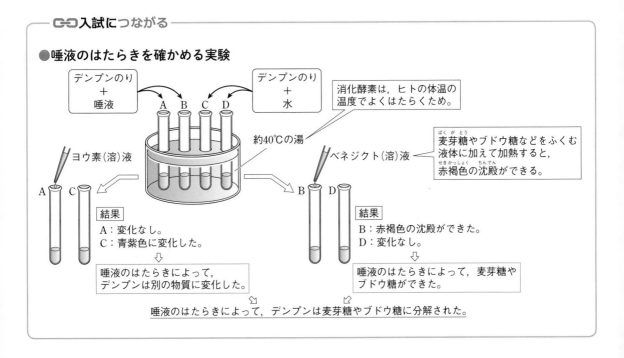

デンプンのり＋唾液 → A B　　C D ← デンプンのり＋水

消化酵素は，ヒトの体温の温度でよくはたらくため。

約40℃の湯

麦芽糖やブドウ糖などをふくむ液体に加えて加熱すると，赤褐色の沈殿ができる。

ヨウ素(溶)液

ベネジクト(溶)液

結果
A：変化なし。
C：青紫色に変化した。
⇩
唾液のはたらきによって，デンプンは別の物質に変化した。

結果
B：赤褐色の沈殿ができた。
D：変化なし。
⇩
唾液のはたらきによって，麦芽糖やブドウ糖ができた。

⇩　　　　⇩
唾液のはたらきによって，デンプンは麦芽糖やブドウ糖に分解された。

ステップ **2**

1　(1)A→F→C→E→B→D　(2)染色体
　　(3)細胞分裂によって細胞の数がふえ，その分裂した細胞が大きくなることで成長する。
2　(1)A…卵　B…精子　(2)減数分裂　(3)ⓑ→ⓐ→ⓓ→ⓔ→ⓒ　(4)発生　(5)有性生殖
3　(1)花粉管　(2)B…精細胞　C…卵細胞　(3)胚　(4)B…4本　D…8本
4　(1)純系　(2)対立形質　(3)Ⓟ…イ　Ⓠ…ウ　(4)エ　(5)DNA
5　(1)同じ基本的なつくりをもつ過去の脊椎動物（共通の祖先）から進化したこと。
　　(2)相同器官

解説

1(1)　まず，核が見えなくなって，**染色体**が見える
ようになる（**F**）。次に，染色体が中央に集まり
（**C**），染色体が分かれて両端に移動する（**E**）。そ
の後，中央部に仕切りができ（**B**），染色体がまと
まって核ができる（**D**）。

◆**染色体の数**
・**体細胞分裂**の前に，細胞の中にあるそれぞ
れの染色体と同じものがもう1つずつつく
られることを**複製**という。
・染色体は分裂前に複製されることで数が2
倍になるが，分裂によって2つに分かれる
ので，1つの細胞の染色体の数は，体細胞
分裂をくり返しても変わらない。

2(1)　**生殖細胞**とは，**生殖**のため（子孫を残すため）
につくられる特別な細胞のことである。多くの動
物には雌と雄の区別があり，雌の生殖細胞を**卵**，
雄の生殖細胞を**精子**という。
(2)　**減数分裂**は，体細胞分裂とは異なり，染色体
の数がもとの細胞の半分になる。染色体の数が半
分になった卵と精子が**受精**することで，子の細胞
は親と同じ数の染色体をもつことになる。

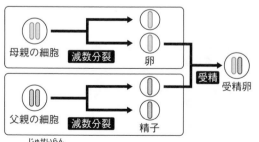

(3)　**受精卵**は，細胞分裂によって2分割，4分割，

8分割，…と細胞の数がふえていく。

◆**動物の有性生殖**
・精子の核と卵の核が合体することを受精と
いい，受精によってできた新しい1つの細
胞を受精卵という。

3(1)(2)　被子植物の場合，花粉が柱頭につく（受粉
する）と，**花粉管**がのび，その中を雄の生殖細胞
である**精細胞**が移動する。花粉管が胚珠に達する
と，精細胞の核と，胚珠にある**卵細胞**の核が合体
し，受精卵ができる
(4)　**B**は生殖細胞である。生殖細胞は減数分裂に
よってつくられるので，染色体の数はもとの細胞
の半分になっている。また，**D**は染色体の数が半
分になった生殖細胞どうしが受精して成長したも
のなので，1つの細胞の染色体の数は，親と同じ
数になっている。

4(3)　Ⓟは，しわのある種子をつくる**純系**なので，
遺伝子の組み合わせは aa である。Ⓠはゆと丸い
種子をつくる純系 AA をかけ合わせてできた子な
ので，遺伝子の組み合わせは下の表のように，
すべて Aa となる。

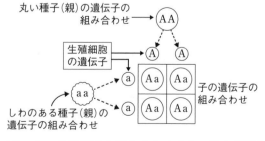

(4)　Aa の遺伝子の組み合わせをもつ子の自家受

粉なので，子の遺伝子の組み合わせは下の表のようになり，その割合は，AA：Aa：aa ＝ 1：2：1になる。

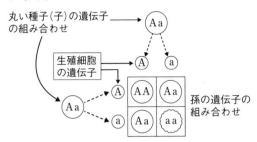

丸い種子(子)の遺伝子の組み合わせ → Aa

生殖細胞の遺伝子 → A　a

Aa

孫の遺伝子の組み合わせ

	A	a
A	AA	Aa
a	Aa	aa

AA と Aa は丸い種子になり，aa はしわのある種子になるので，孫に現れる形質の割合は，丸：しわ ＝ 3：1 となる。よって，丸い種子の数は，しわのある種子の約3倍であると考えられる。

◆**遺伝のしくみ**

・減数分裂のときに，対になっている遺伝子が分かれて，別々の生殖細胞に入ることを**分離の法則**という。

・**顕性(の)形質**と**潜性(の)形質**を，それぞれ優性形質，劣性形質ということもある。

5(1)(2)　生物が長い時間をかけて代を重ねる間に形質が変化することを**進化**という。**相同器官**は，生物の進化の証拠の1つと考えられている。

◆**進化の証拠**

・生物の進化の証拠の1つとして，中間的な特徴をもつ生物がいたことがあげられる。

例　シソチョウ(始祖鳥)…は虫類と鳥類の特徴をあわせもつ生物

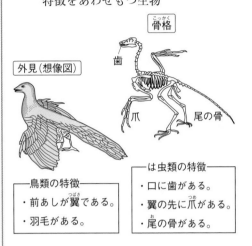

外見(想像図)

骨格

歯

爪　　尾の骨

―鳥類の特徴―

・前あしが翼である。

・羽毛がある。

―は虫類の特徴―

・口に歯がある。

・翼の先に爪がある。

・尾の骨がある。

🔗**入試につながる**

●**ソラマメの根の細胞分裂の観察**

ソラマメの根の先端

ⓐ
ⓑ
ⓒ

根冠

観察の操作の意図

○試料にうすい塩酸を1滴落とす。

➡細胞1つ1つを離れやすくして，観察しやすくするため。

○染色液を1滴落とす。

➡細胞を生きていた状態で固定するとともに，細胞の核(染色体)を染めて，観察しやすくするため。

○カバーガラスの上から，指で押しつぶす。

➡細胞の重なりをなくし，観察しやすくするため。

観察する部分による細胞のようすのちがい

ⓐ
大きく成長している。

ⓑ
分裂直後の小さい細胞。

ⓒ
さかんに細胞分裂をしている。

第4回 身のまわりの物質

本冊 p.18〜19

ステップ2

1 (1)二酸化炭素　(2)有機物　(3)水(水滴)　(4)A…砂糖　B…食塩
2 (1)水上置換法　(2)水にとけにくい性質　(3)① C　② A
　(4)はじめのうちは，もとから装置に入っていた空気が出てくるから。
3 (1)溶解度　(2)とける　(3)① 44 %　② イ　(4)水を蒸発させる。
4 (1)① ⓒ　② ⓐ　(2)ⓐ→ⓑ→ⓒ　(3)蒸留　(4)沸点
　(5)集めた液体が逆流するのを防ぐため。

解説

1 砂糖とかたくり粉(デンプン)は**有機物**，食塩は**無機物**である。

(2)(3) 有機物は炭素をふくむので，燃えると二酸化炭素が発生する。また，有機物の多くは水素もふくむので，水も発生する。

(4) かたくり粉(デンプン)は，水にほとんどとけないので，実験Ⅰの結果より，Cであることがわかる。よって，A，Bは砂糖と食塩のどちらかである。実験Ⅱの結果より，Aが有機物，Bが無機物であることがわかるので，Aが砂糖，Bが食塩である。

◆**有機物と無機物**
・ヨウ素(溶)液を使って調べる方法もある。それぞれの粉末にヨウ素(溶)液を加えたとき，青紫色に変わったものがかたくり粉である。
・有機物以外の物質を無機物という。二酸化炭素は炭素をふくむが無機物としてあつかう。また，炭素そのものも無機物である。

2 気体Aは酸素，気体Bは二酸化炭素，気体Cは水素である。

(2) 気体を集めるときは，気体の性質によって次の3つの方法を使い分ける。
水上置換法：水にとけにくい気体。
上方置換法：水にとけやすく，空気より**密度**が小さい気体。
下方置換法：水にとけやすく，空気より密度が大きい気体。
水上置換法で集めると，集められた気体の量がわかりやすく，ほかの気体が混ざりにくい。

(3)① 水素は非常に軽い気体で，物質の中で密度がいちばん小さい。空気中で火をつけると，音を立てて燃えて，水ができる。

② 酸素には，ものを燃やすはたらきがあるため，酸素を集めた試験管に火のついた線香を入れると，線香が激しく燃える。

(4) はじめに出てくる気体は，装置の中にあった空気を多くふくむので，はじめに出てくる気体を捨ててから，気体を集めるようにする。

◆**気体の特徴**
・水素は，亜鉛の代わりに，鉄やマグネシウムに塩酸を加えても発生する。
・二酸化炭素は，石灰石の代わりに，卵の殻や貝殻に塩酸を加えても発生する。
・二酸化炭素は，空気よりも重いので，下方置換法でも集めることができる。
・空気にふくまれる気体の体積の割合

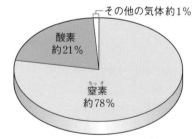

その他の気体には，二酸化炭素(0.04 %)，アルゴン(0.9 %)などがふくまれる。

3(2) 水の量が2倍になると，とける物質の量も2倍になる。図より，50 ℃の水100 gに，ミョウバンは約36 gとけるので，水200 gでは，2倍の約72 gとけることになる。

(3)① $\dfrac{80\ \mathrm{g}}{100\ \mathrm{g}+80\ \mathrm{g}}\times100=44.4\cdots$　よって，44 %

② 温度を下げると，水にとけることができる物質の質量は小さくなる。このとき，とけきれなくなった分が結晶となって現れる。図より，20 ℃の水100 gに硝酸カリウムは約32 gとけるので，とり出せる結晶の質量は，

　$80\ \mathrm{g}-32\ \mathrm{g}=48\ \mathrm{g}$

(4) 塩化ナトリウムは，水の温度が変化してもとける量があまり変わらない。よって，温度を下げる方法では，結晶はほとんどとり出せない。

◆水溶液
・水にとけて均一に散らばった物質の粒子は，時間がたっても底に沈むことはなく，濃さも変わらない。

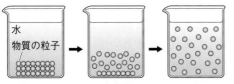

・規則正しい形をした固体を結晶という。結晶は，物質によってそれぞれ形が異なる。

4(1)(2) 沸点の低い物質が先に気体となって出てくる。エタノールの沸点は78 ℃，水の沸点は100 ℃なので，はじめに集めた液体ほど，エタノールをふくむ割合が大きい。

(5) 気体は冷えると体積が小さくなる。この実験で混合物の加熱をやめると，フラスコの中の気体が冷えて，気体の体積が小さくなり，小さくなった分の空気がガラス管を通ってフラスコの中に入ってくる。このとき，ガラス管が液体に入っていると，空気の代わりに液体がフラスコの中に吸いこまれてしまう。

◆物質の状態変化
・状態変化では，物質をつくる粒子の運動のようすが変わる。

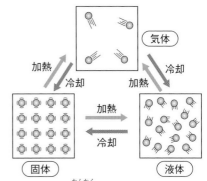

粒子どうしの間隔が変わるので体積は変化するが，粒子の数は変わらないため，質量は変化しない。

●水とエタノールの混合物の加熱の実験

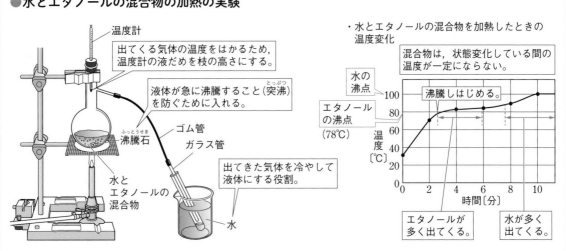

第5回 化学変化と原子・分子 (1)

[本冊] p.22~23

ステップ2

1 (1)発生した液体が加熱部分に流れると，試験管が割れるおそれがあるから。
(2)二酸化炭素 (3)㋒ (4)水 (5)①㋓ ②炭酸ナトリウム

2 (1)純粋な水は電流が流れにくいため。(電流を流れやすくするため。)
(2)陽極…㋐ 陰極…㋓ (3)電気分解(電解) (4)㋒

3 (1)○…水素原子 ◎…酸素原子 ●…炭素原子 (2)水 (3) CO_2 (4)C，D

4 (1)化学変化によって熱が発生し，その熱で反応が進むから。
(2)A (3)㋑ (4)硫化鉄 (5) $Fe + S \longrightarrow FeS$

[解説]

1 炭酸水素ナトリウムを加熱すると，炭酸ナトリウムと水と二酸化炭素に**分解**される(**熱分解**)。

(2) 石灰水は二酸化炭素にふれると，白くにごる性質がある。

(3)(4) 塩化コバルト紙は，水にふれると青色から赤(桃)色に変化する。

(5) フェノールフタレイン(溶)液は無色の薬品で，アルカリ性の水溶液に入れると，赤色に変化する。このとき，水溶液が弱いアルカリ性のときは淡い赤色に，強いアルカリ性のときは濃い赤色になる。

◆**酸化銀の熱分解**

・酸化銀を加熱すると，銀と酸素に分解される。**化学反応式**は，

$2Ag_2O \longrightarrow 4Ag + O_2$

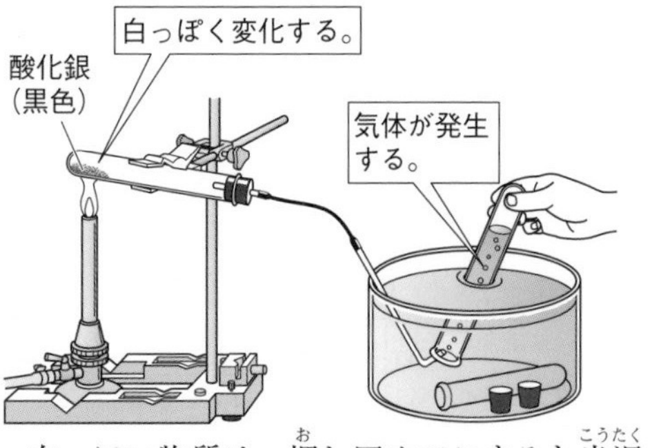

白っぽい物質は，押し固めてこすると光沢が出る。また，電気を通し，たたくとうすくのびる。➡金属の銀

気体を集めた試験管に火のついた線香を入れると，線香が激しく燃える。➡酸素

2 水に電流を流すと，水素と酸素に分解される。

(1) 水に電流が流れやすくするために，少量の水酸化ナトリウムを入れる。電流を流すと，水は分解されるが(**電気分解**)，とかした水酸化ナトリウムは変化しない。

(2) 電源の＋極と接続した電極を陽極，－極と接続した電極を陰極という。水に電流を流すと，陰極から水素，陽極から酸素が発生する。水素は空気中で燃える性質があり，酸素はほかのものを燃やす性質がある。

(4) 化学反応式では，反応の前後で**原子**の種類と数が等しくなるようにする。

◆**化学反応式**

・水の電気分解の化学反応式のつくり方

①反応前と反応後の物質名を書き，それを**化学式**で表す。

水 ⟶ 水素 + 酸素

$H_2O \longrightarrow H_2 + O_2$

②左辺の酸素原子の数が右辺と同じになるように，左辺の水分子を2個にする。

$2H_2O \longrightarrow H_2 + O_2$

③左辺の水素原子が4個になるので，右辺の水素分子を2個にする。

$2H_2O \longrightarrow 2H_2 + O_2$

これで，左辺と右辺の原子の種類と数が等しくなっている。

3 (1)(2) 水素分子は水素原子が2個，酸素分子は酸素原子が2個結びついてできている。また，水分子は水素原子2個と酸素原子1個が，二酸化炭素分子は酸素原子2個と炭素原子1個が結びついてできている。

水素分子 (H H)　　　酸素分子 (O O)

水分子 (H O H)　　二酸化炭素分子 (O C O)

(4) **化合物**とは，2種類以上の**元素**でできている物質のことである。水素と酸素のように，1種類の元素でできている物質は**単体**という。

◆原子・分子

・元素を原子番号(原子の構造にもとづいてつけられた番号)の順に並べた表を(元素の)**周期表**という。縦の列には，化学的な性質のよく似た元素が並んでいる。

・化学式による分子の表し方

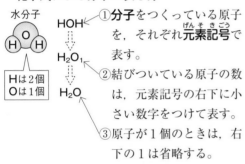

水分子

HOH

H₂O₁

H₂O

Hは2個
Oは1個

①**分子**をつくっている原子を，それぞれ**元素記号**で表す。

②結びついている原子の数は，元素記号の右下に小さい数字をつけて表す。

③原子が1個のときは，右下の1は省略する。

4　鉄と硫黄が結びつくと，硫化鉄という物質ができる。

(2) 鉄と硫黄の混合物は，2種類の物質が混ざっているだけで，鉄と硫黄の性質はそのままである。

鉄には磁石につく性質があるので，試験管Aは引きつけられる。試験管Bにできた硫化鉄は，鉄とは性質の異なる物質であり，磁石には引きつけられない。

(3) 硫化鉄にうすい塩酸を加えると，有毒で卵の腐ったようなにおいのある硫化水素という気体が発生する。なお，試験管Aの混合物にうすい塩酸を加えると，鉄と反応して水素が発生する。

(5) 化学式は，鉄がFe，硫黄がS，硫化鉄がFeSである。

◆いろいろな化学変化

・銅と硫黄が結びつくと，硫化銅という物質ができる。

　　　銅　　硫黄　　硫化銅
　　　$Cu + S \longrightarrow CuS$

・銅と塩素が結びつくと，塩化銅という物質ができる。

　　　銅　　　塩素　　　塩化銅
　　　$Cu + Cl_2 \longrightarrow CuCl_2$

⎯⎯ ◯─◯入試につながる ⎯⎯

●炭酸水素ナトリウムの(熱)分解の実験

炭酸水素ナトリウムを加熱して分解する実験では，同様の実験を行うときにも注意する共通点がいくつかあるので覚えておこう。

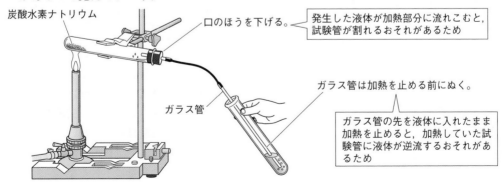

炭酸水素ナトリウム

口のほうを下げる。

発生した液体が加熱部分に流れこむと，試験管が割れるおそれがあるため

ガラス管

ガラス管は加熱を止める前にぬく。

ガラス管の先を液体に入れたまま加熱を止めると，加熱していた試験管に液体が逆流するおそれがあるため

化学変化と原子・分子 (2)

1 (1)酸素　(2)酸化　(3)白くにごる。　(4)還元
(5) $2CuO + C \longrightarrow 2Cu + CO_2$
(6)銅が再び酸素と結びつく(酸化される)のを防ぐため。

2 (1)酸化鉄　(2)発熱反応　(3)吸熱反応

3 (1)物質名…二酸化炭素　化学式…CO_2　(2)イ
(3)化学変化の前後で、その化学変化に関係している物質全体の質量は変わらないから。(化学変化の前後で、物質を構成する原子の種類と数が変わらないから。)　(4)ア

4 (1)酸化マグネシウム　(2)右図　(3)1.4 g　(4)5.0 g　(5)0.27 g

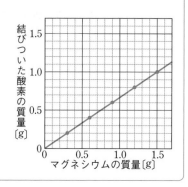

グラフ：縦軸「結びついた酸素の質量〔g〕」(0〜1.5)、横軸「マグネシウムの質量〔g〕」(0〜1.5)

解説

1(3)(4)　実験Ⅱでは、酸化銅が炭素によって**還元**されて銅になり、炭素は酸化銅が失った酸素と結びついて二酸化炭素になる。石灰水は二酸化炭素にふれると白くにごる性質がある。
(5)　化学式は酸化銅が CuO、炭素が C、銅が Cu、二酸化炭素が CO_2 である。
(6)　加熱後、ゴム管をピンチコックで閉じないと、空気が試験管の中に吸いこまれ、銅が酸素と結びついて(銅が酸化して)酸化銅にもどってしまう。

> **◆いろいろな化学変化**
> **・酸化の例**
> 炭素＋酸素→二酸化炭素
> 　化学反応式：$C + O_2 \longrightarrow CO_2$
> マグネシウム＋酸素→酸化マグネシウム
> 　化学反応式：$2Mg + O_2 \longrightarrow 2MgO$
> 鉄＋酸素→酸化鉄
> ※鉄と酸素が結びついてできる酸化鉄は、何種類かの酸化鉄の混合物であり、1つの化学式で表すことはできない。
> ・金属を空気中で放置すると、表面がさびてくる。さびは、金属が空気中でゆっくりと酸化してできたものである。
> ・ある物質の酸化物を還元するには、その物質よりも酸素と結びつきやすい物質と反応させればよい。酸化銅は、炭素の代わりに、水素やエタノールで還元することができる。

2(1)　鉄が酸素と結びついて酸化鉄になるときに熱が発生する。活性炭や食塩水は、反応を進みやすくするためのもので、化学変化には直接は関係しない。化学かいろは、この仕組みを利用したものである。
(3)　**吸熱反応**の例としては、塩化アンモニウムと水酸化バリウムの反応、炭酸水素ナトリウムとクエン酸の反応などがある。

> **◆化学変化と熱**
> ・吸熱反応の実験で、塩化アンモニウムと水酸化バリウムを混ぜるときに、ぬれたろ紙でふたをするのは、発生するアンモニアをぬれたろ紙に吸着させ、有毒なアンモニアを吸いこまないようにするためである。

ぬれたろ紙
混ぜると有毒な気体であるアンモニアが発生。
水酸化バリウム　塩化アンモニウム
※アンモニアは非常に水にとけやすい。

3(1)　塩酸と炭酸水素ナトリウムが反応すると、塩化ナトリウムと二酸化炭素、水ができる。
$$NaHCO_3 + HCl \longrightarrow NaCl + CO_2 + H_2O$$
(2)(3)　容器は密閉されており、気体の出入りがないので、全体の質量は変化しない。
(4)　ふたを開けると、気体の一部が容器の外に逃げるので、全体の質量は小さくなる。

◆**化学変化と物質の質量**

・**質量保存の法則**が成り立つのは，化学変化の前後で，物質をつくる原子の組み合わせは変わるが，物質を構成する原子の種類と数が変わらないためである。

・質量保存の法則は，化学変化だけでなく，状態変化や溶解（溶質が溶媒にとけること）など，物質に起こるすべての変化について成り立つ。

4(1) マグネシウムを加熱すると，空気中の酸素と結びついて，酸化マグネシウムができる。

(2) 加熱後の質量と加熱前の質量の差が，結びついた酸素の質量である。よって，マグネシウムの質量と結びついた酸素の質量との関係は，次の表のようになる。

マグネシウムの質量〔g〕	0.3	0.6	0.9	1.2	1.5
酸素の質量〔g〕	0.2	0.4	0.6	0.8	1.0

(3) (2)より，マグネシウムと結びつく酸素の質量の比は 3：2 である。求める酸素の質量を x〔g〕とすると，

$2.1\ g : x = 3 : 2$　　$x = 1.4\ g$　　よって，1.4 g

(4) マグネシウムと加熱してできる酸化マグネシウムの質量の比は，3：(3 + 2) ＝ 3：5である。求める酸化マグネシウムの質量を x〔g〕とすると，

$3.0\ g : x = 3 : 5$　　$x = 5.0\ g$　　よって，5.0 g

(5) 加熱によって結びついた酸素の質量は，

$2.82\ g - 1.8\ g = 1.02\ g$

1.02 g の酸素と結びつくマグネシウムの質量を x〔g〕とすると，

$x : 1.02\ g = 3 : 2$　　$x = 1.53\ g$

よって，反応せずに残っているマグネシウムの質量は，$1.8\ g - 1.53\ g = 0.27\ g$

◆**反応する物質の質量の割合**

・一定量の物質と結びつく物質の質量には限界がある。

例 1.0 g の銅粉とけずり状のマグネシウムをそれぞれ加熱したときの，加熱後の物質の質量

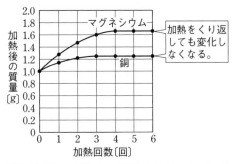

・銅と結びつく酸素の質量の比は，4：1 である。

―♾️**入試につながる**―

●**酸化銅の水素による還元の実験**

酸化銅は還元されて銅になり，水素は酸化されて水になる。

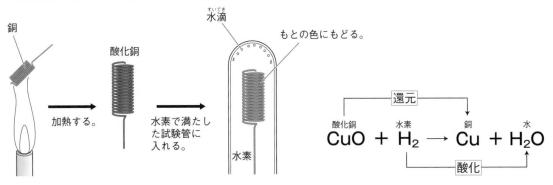

$$CuO + H_2 \longrightarrow Cu + H_2O$$

化学変化とイオン

1 (1)電極の先を蒸留水(精製水)で洗う。　(2)A, D, E　(3)イオン　(4)電離

2 (1)A…電子　B…陽子　C…原子核　(2)A　(3)ウ

3 (1)青　(2)①中和　② HCl + NaOH ⟶ NaCl + H₂O　(3)塩化ナトリウム　(4)イ

4 (1)電池(化学電池)　(2)亜鉛　(3)銅板　(4)A　(5)銅板…エ　亜鉛板…ア

解説

1(1)　水溶液が混ざると，正確な実験結果が得られなくなるので，別の水溶液を調べる前に，電極を蒸留水(精製水)でよく洗う必要がある。

(2)　水溶液中に**イオン**があると電流が流れるので，**電解質**(水にとけると**陽イオン**と**陰イオン**に分かれる物質)の水溶液を選べばよい。砂糖とエタノールは**非電解質**である。

◆水溶液とイオン
・果汁はクエン酸をはじめとして，複数の電解質をふくむので，電流が流れる。
・塩化銅水溶液を電気分解すると，陽極からは塩素が発生し，陰極では銅が付着する。化学反応式は次のようになる。

$$CuCl_2 \longrightarrow Cu + Cl_2$$

・代表的な電解質の**電離**

塩化水素　　水素イオン　塩化物イオン
$$HCl \longrightarrow H^+ + Cl^-$$

塩化ナトリウム　ナトリウムイオン　塩化物イオン
$$NaCl \longrightarrow Na^+ + Cl^-$$

塩化銅　　　銅イオン　塩化物イオン
$$CuCl_2 \longrightarrow Cu^{2+} + 2Cl^-$$

水酸化ナトリウム　ナトリウムイオン　水酸化物イオン
$$NaOH \longrightarrow Na^+ + OH^-$$

2(1)(2)　原子は，＋の電気をもつ**原子核**と，−の電気をもつ**電子**からできている。また，原子核は，＋の電気をもつ**陽子**と，電気をもたない**中性子**からできている。

(3)　陽子1個がもつ＋の電気の量と，電子1個がもつ−の電気の量は等しい。また，ふつうの状態では，陽子の数と電子の数は等しい。よって，原子全体としては，＋の電気と−の電気はたがいに打ち消され，＋でも−でもない状態(電気的に中性)になっている。

◆イオン
・原子中の陽子と電子の数は，元素によって決まっている。ただし，多くの元素では，同じ元素でも中性子の数が異なる原子が存在する。このような関係にある原子を，たがいに**同位体**という。

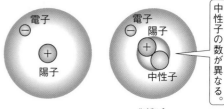

中性子の数が異なる。

通常の水素　　　　重水素

・イオンを化学式で表すには，元素記号の右上に，それが帯びている電気の種類(＋か−)と数を書き加える。

3(1)　BTB(溶)液は，酸性で黄色，中性で緑色，アルカリ性で青色に変化する。水溶液の色から，水酸化ナトリウム水溶液を 6 cm³ 加えたとき，水素イオンも水酸化物イオンも存在しない，中性の水溶液になったことがわかる。ここに水酸化ナトリウムを加えると，水溶液中には水酸化物イオンが存在するので，アルカリ性になる。

(2)　次のような反応が起こっている。

塩化水素 $HCl \longrightarrow H^+ + Cl^-$
水酸化ナトリウム $NaOH \longrightarrow Na^+ + OH^-$

$$HCl + NaOH \longrightarrow NaCl + H_2O$$
塩化ナトリウム　水

(3)　水溶液の色から，水酸化ナトリウム水溶液を 6 cm³ 加えたときの水溶液は中性であることがわかる。塩酸と水酸化ナトリウム水溶液を混ぜ，中性になったときの水溶液は，塩化ナトリウム水溶

液になっている。よって，水を蒸発させると，塩化ナトリウムが残る。

(4) 水酸化物イオンは，水素イオンと結びつくので，水溶液中の水素イオンがなくなるまでは0で，その後はふえていく。

◆**中和**
・水酸化バリウム水溶液に硫酸(りゅうさん)を加えると，中和が起こり，白い沈殿(硫酸バリウム)ができる。

$$\text{硫酸 } H_2SO_4 \longrightarrow 2H^+ + SO_4{}^{2-}$$
$$\text{水酸化バリウム } Ba(OH)_2 \longrightarrow Ba^{2+} + 2OH^-$$
$$\overline{H_2SO_4 + Ba(OH)_2 \longrightarrow BaSO_4 + 2H_2O}$$
硫酸バリウム　　　水
塩(えん)

4(2) イオンになりやすいほうの金属が，電子を放出してイオンになる。亜鉛板の表面がぼろぼろになったのは，亜鉛原子(あえん)が電子を放出して，亜鉛イオンになって水溶液中にとけたためである。

(3) ダニエル電池では，イオンになりにくいほうの金属が＋極になる。

(4) 電流は，電子の移動の向きと逆で，＋極から－極に流れる。

◆**金属と金属のイオンをふくむ水溶液で起こる化学変化**

金属Xよりも金属Yのほうがイオンになりやすい場合

金属Yのイオンをふくむ水溶液

変化なし

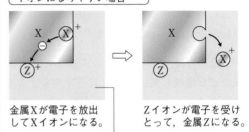
金属Xのほうが金属Zよりもイオンになりやすい場合

金属Xが電子を放出してXイオンになる。

Zイオンが電子を受けとって，金属Zになる。

金属Zのイオンをふくむ水溶液

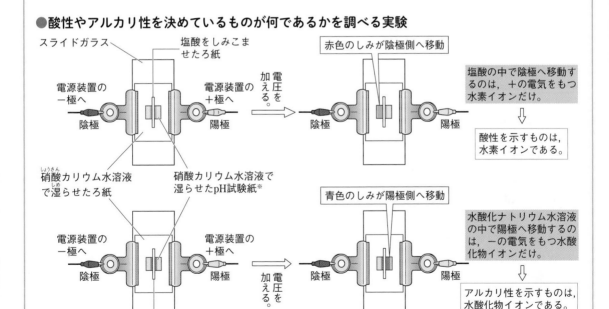

── ⊖⊃**入試につながる** ─

●**酸性やアルカリ性を決めているものが何であるかを調べる実験**

スライドガラス
塩酸をしみこませたろ紙
電源装置の－極へ
陰極
電源装置の＋極へ
陽極
電圧を加える。
赤色のしみが陰極側へ移動
陰極
陽極

塩酸の中で陰極へ移動するのは，＋の電気をもつ水素イオンだけ。
⇩
酸性を示すものは，水素イオンである。

硝酸(しょうさん)カリウム水溶液で湿(しめ)らせたろ紙
硝酸カリウム水溶液で湿らせたpH試験紙※

電源装置の－極へ
陰極
電源装置の＋極へ
陽極
電圧を加える。
青色のしみが陽極側へ移動
陰極
陽極

水酸化ナトリウム水溶液の中で陽極へ移動するのは，－の電気をもつ水酸化物イオンだけ。
⇩
アルカリ性を示すものは，水酸化物イオンである。

水酸化ナトリウム水溶液をしみこませたろ紙

※pH試験紙の示す色：
(強)酸性　(弱)中性(弱)　アルカリ性(強)
赤　オレンジ　緑　青緑　青

大地の成り立ちと変化

1 (1)断層　(2)ウ　(3)凝灰岩の層があるから。　(4)イ　(5)石灰岩

2 (1)あたたかくて浅い海　(2)ア　(3)イ　(4)示準化石

3 (1)A　(2)B　(3)地下の深いところで，ゆっくりと冷え固まってできた。
(4)つくり…斑状組織　ⓐの名称…石基　(5)Q

4 (1)初期微動　(2)S波　(3)4 km/s　(4)8時5分15秒　(5)イ

解説

1(2) 岩石を構成する土砂のうち，粒の大きさが2 mm以上のものはれき，2 mmから$\frac{1}{16}$mm（約0.06 mm）のものは砂，$\frac{1}{16}$mm以下のものは泥である。

(3) 凝灰岩は，火山の噴火によって噴出した火山灰などが堆積して固まった岩石である。よって，地層ができる過程で火山活動があったといえる。

(4) ふつう，地層は下の層ほど古いので，泥岩（E），砂岩（D），れき岩（C）の順に堆積したことがわかる。土砂は粒が大きいほど速く沈むため，れき，砂，泥の順に，河口に近い場所で堆積する。よって，C〜Eの地層ができる間，この辺りは，だんだん海面が低くなったと考えられる。

(5) 生物の遺骸が堆積したできた堆積岩は，石灰岩かチャートである。このうち，うすい塩酸をかけて気体が発生すれば石灰岩，気体が発生しなければチャートであると判断できる。

◆**地形と地層**
・過去に動き，今後も動く可能性がある断層を活断層という。
・気温の変化や水などのはたらきによって，岩石が表面からくずれていくことを風化という。地層はおもに，風化と流水のはたらきによってつくられる。
・流水のはたらき
　侵食…流水によって岩石がけずられること
　運搬…流水によって土砂が運ばれること
　堆積…流水によって運ばれた土砂が，流れがゆるやかになったところに積もること

2(1) 示相化石となるのは，ある限られた環境でしか生存できない生物の化石である。サンゴは，あたたかくて浅い海に生息する生物である。その他の代表的な示相化石には，次のようなものがある。

　シジミやカキ…海水と河川の水などが混じるところ

　ブナ（葉）…温帯のやや寒冷な気候の陸地

　ホタテガイ…やや寒冷な浅い海

(3) アンモナイトとイの恐竜は，中生代の生物である。アのフズリナは古生代の生物，ウのビカリアとエのナウマンゾウは新生代の生物である。

(4) 示準化石になるのは，限られた時代に生存していた生物の化石である。

3(1) ねばりけが小さいマグマは流れやすく，溶岩は地表をうすく広がって，傾斜のゆるやかな火山になる。逆に，ねばりけが大きいと，溶岩は広がりにくく，傾斜が急で盛り上がった形の火山になる。

(2) マグマのねばりけが大きいほど，マグマの中にとけた気体がぬけにくいために，急激に破裂して爆発的な噴火になりやすい。

(3) Pは，肉眼で見えるぐらいの大きさの鉱物が組み合わさってできている。これは，等粒状組織というつくりで，深成岩に見られる。

(4) Qのように，比較的大きな鉱物の結晶（斑晶）と，そのまわりにある小さな鉱物の部分（石基）からなるつくりを斑状組織という。これは，火山岩に見られるつくりである。

(5) 深成岩は，ふくまれる鉱物の種類と割合によって，斑（はん）れい岩，せん（閃）緑岩，花こう（崗）岩に分けられる。同様に，火山岩は，玄武岩，安山岩，流紋岩に分けられる。

◆火山の噴火

・溶岩や火山灰，火山ガスなど，火山の噴火で噴出したものを**火山噴出物**という。

・マグマが冷えてできた結晶の粒を鉱物という。

有色の鉱物(有色鉱物)	
カンラン石	キ石(輝石)
・粒状の多面体 ・黄緑色～褐色	・短い柱状・短冊状 ・緑色～褐色
クロウンモ(黒雲母)	カクセン石(角閃石)
・板状・六角形 ・黒色～褐色	・細長い柱状・針状 ・濃い緑色～黒色

白色・無色の鉱物(無色鉱物)	
セキエイ(石英)	チョウ石(長石)
・六角柱状・不規則 ・無色・白色	・柱状・短冊状 ・白色～うす桃色

4(3) 地震の波は，**震央**を中心に同心円(中心が同じで半径が異なる円)状に広がる。地点A，Bの震源からの距離の差は(64 km−40 km＝) 24 kmで，地点Bの**主要動**(ゆれY)がはじまる時刻は，地点Aの主要動がはじまる 6 秒後なので，

24 km÷6 s＝4 km/s

(4) 主要動(ゆれY)を起こす波の伝わる速さは，(3)より 4 km/sなので，地震が発生してから 40 km離れた地点Aに伝わる時間は，

40 km÷4 km/s＝10 s よって，地震が発生した時刻は，地点Aで主要動がはじまった時刻である 8 時 5 分 25 秒の 10 秒前である。

◆地震

・**プレート**がずれることで生じる，海溝付近で起こる地震を**海溝(プレート境界)型地震**という。

海溝型地震が起こるしくみ

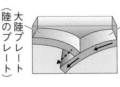

①海洋プレートが沈み込む。

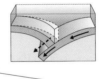

②大陸プレートが海洋プレートに引きずられる。

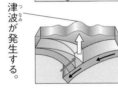

③ひずみにたえきれなくなると，岩石が破壊されて地震が起こる。

─ 🔗**入試につながる** ─

●地震の波が到着するまでの時間と震源からの距離の関係

時刻とP波・S波が進んだ距離の関係を表すグラフと，観測地点での地震計の記録を重ねて表示すると，右の図のようになる。

○P波もS波も震源からの距離と伝わる時間は比例している。➡一定の速さで伝わっている。

○P波・S波のグラフの交点は，地震が発生した時刻を表している。➡図では，12 時 10 分 10 秒

○震源からの距離が大きくなるにつれて，**初期微動継続時間**が長くなる。

➡初期微動継続時間から，震源までの距離を推測できる。

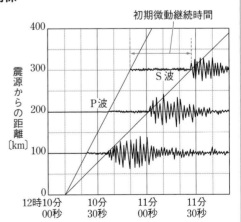

第 9 回

気象とその変化

本冊 p.38〜39

ステップ2

1　(1)記号…B　圧力…5000 Pa　(2)0.5 倍$\left(\frac{1}{2}\text{倍}\right)$

2　(1)㋑　(2)78 %

3　(1)24.4 g　(2)71 %　(3)露点　(4)5.2 g

4　(1)等圧線　(2)1016 hPa　(3)C　(4)①㋐　②㋓　③㋔

5　(1)㋐　(2)梅雨前線　(3)小笠原気団　(4)C
(5)日本の上空に強い西風(偏西風)がふいているため。

[解説]

1(1)　力の大きさが同じとき，力がはたらく面積が小さいほど，**圧力**は大きくなる。
1.2 kg＝1200 g なので，物体にはたらく重力の大きさは，$1\ \text{N}\times\frac{1200\ \text{g}}{100\ \text{g}}=12\ \text{N}$
B の面積は $0.04\ \text{m}\times 0.06\ \text{m}=0.0024\ \text{m}^2$
よって，圧力は，$\frac{12\ \text{N}}{0.0024\ \text{m}^2}=5000\ \text{Pa}$
(2)　A の面積は $48\ \text{cm}^2$ で，B の面積は $24\ \text{cm}^2$。圧力の大きさは，力がはたらく面積に反比例するので，$\frac{24\ \text{cm}^2}{48\ \text{cm}^2}=0.5$　　よって，0.5 倍

◆大気圧
・地球をとり巻く気体の層を**大気**といい，大気による圧力を**大気圧**(**気圧**)という。

2(1)　図 1 の雲量は 4 〜 5 である。雲量が 0 〜 1 は快晴，2 〜 8 は晴れ，9 〜 10 はくもりなので，図 1 のときは晴れである。
(2)　乾湿計には，乾球温度計と湿球温度計があり，ふつう乾球温度計の示度のほうが高くなる。乾球温度計の示度は 15 ℃，湿球温度計の示度は 13 ℃なので，乾球と湿球の差は 2 ℃。下のように，湿度表の交差する数値を読む。

乾球の示度〔℃〕	乾球と湿球の示度の差〔℃〕					
	0.0	0.5	1.0	1.5	2.0	2.5
16	100	95	89	84	79	74
15	100	94	89	84	78	73
14	100	94	89	83	78	72
13	100	94	88	83	77	71

3(1)　表から 26 ℃のときの**飽和水蒸気量**を読みとる。
(2)　$\frac{17.3\ \text{g/m}^3}{24.4\ \text{g/m}^3}\times 100=70.9\cdots$　　よって，71 %
(4)　空気中でふくみ切れなくなった水蒸気が水滴として現れる。14 ℃のときの飽和水蒸気量は $12.1\ \text{g/m}^3$ なので，$17.3\ \text{g}-12.1\ \text{g}=5.2\ \text{g}$

◆雲のでき方
・雲をつくる実験

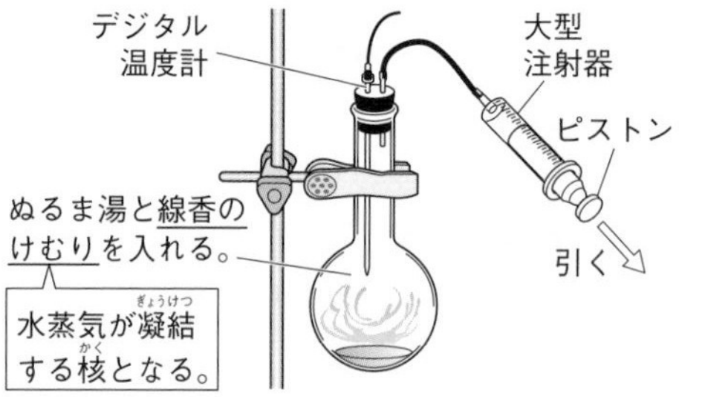

デジタル温度計
大型注射器
ピストン
ぬるま湯と線香のけむりを入れる。
引く
水蒸気が凝結する核となる。

ピストンを引く。➡フラスコ内がくもる。
(フラスコ内の空気が膨張して温度が下がり，水蒸気が水滴になるため。)
ピストンを押す。➡くもりが消える。
(フラスコ内の空気が圧縮されて温度が上がり，水滴が水蒸気にもどるため。)
・地表付近の空気が冷やされて，空気中の水蒸気が水滴になって浮かんでいるものが**霧**である。
・地球上の水は，固体，液体，気体と状態変化しながら循環している。この循環を支えているのは，太陽の光のエネルギーである。

4(1)　気圧が等しいところをなめらかに結んだ曲線を**等圧線**という。

(2) 図では，**X**から**Y**へ向かって気圧が低くなっている。等圧線は 4 hPa ごとに引かれるので，**A**地点の気圧は，**X**を囲む線の気圧より 4 hPa 小さくなる。

(3) 等圧線の間隔がせまいところほど，強い風がふく。

(4) まわりより気圧が高いところが**高気圧**である。

◆**大気の動き**
・性質の異なる空気のかたまりが接してできる境界面を**前線面**といい，前線面と地表が交わるところを**前線**という。

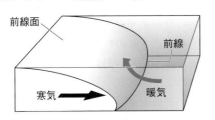

前線面
前線
寒気
暖気

・前線面では上昇気流が発生するため，雲ができやすい。

5(1) 冬は日本列島に北西の**季節風**がふく。日本海上で大量の水蒸気をふくんだ大気は，雲をつくって日本海側の各地に雪を降らせる。その後，雪を降らせて水蒸気が少なくなった大気は，山脈をこえて，冷たく乾燥した風になり，太平洋側にふき下りる。そのため，太平洋側の各地では，晴れて乾燥することが多い。

(2) 6 月ごろになると，勢力がほぼ同じになった**オホーツク海気団**と**小笠原気団**がぶつかって**停滞前線**が発生し，雨の多いぐずついた天気が続く。これが**つゆ（梅雨）**である。つゆの時期の停滞前線をとくに**梅雨前線**という。

(4) 日本付近では，夏は南東の季節風が，冬は北西の季節風がふく。

◆**海風と陸風**
・**海風**（海から陸に向かう風）は，晴れの日の昼，海上より陸上の気温が高くなり，陸上に上昇気流が生じることで起こる。
・**陸風**（陸から海に向かう風）は，晴れの日の夜，陸上より海上の気温が高くなり，陸上に下降気流ができることで起こる。

━━**入試につながる**━━

●**寒冷前線と温暖前線の構造**

図は，寒冷前線と温暖前線の断面のようすである。それぞれの特徴を覚えておこう。

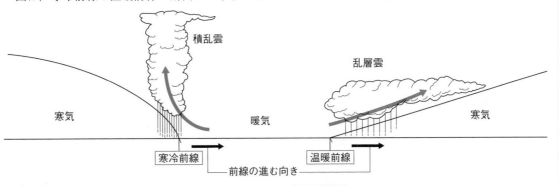

積乱雲
乱層雲
寒気
暖気
寒気
寒冷前線
温暖前線
前線の進む向き

①**寒冷前線**
・寒気が暖気を押し上げるように進む。
・強い上昇気流が生じて，積乱雲ができることが多い。
・通過時に強い雨が短時間降る。
・通過後，北よりの風に変わり，気温が下がる。

②**温暖前線**
・暖気が寒気の上にはい上がるように進む。
・弱い上昇気流が生じ，乱層雲などができることが多い。
・通過時におだやかな雨が長時間降る。
・通過後，南よりの風に変わり，気温が上がる。

地球と宇宙

ステップ2

1 (1)C (2)ウ (3)6時45分 (4)ⓒ
　(5)地球が，公転面に垂直な線に対して，地軸を傾けたまま公転しているから。

2 (1)C (2)D (3)午前0時ごろ

3 (1)D (2)D，E，F，G (3)A，B (4)①銀河系 ②ⓑ

4 (1)衛星 (2)ⓑ (3)ア (4)A
　(5)月が地球のまわりを公転することで，太陽，地球，月の位置関係が変化するから。

解説

1(1) 太陽は東からのぼり，南の空を通って，西へ沈む。このことから，Aが南であることがわかるので，Bが東，Cが北，Dが西である。

(2) 天体が真南にくることを**南中**といい，天体が南中したときの高度を**南中高度**という。南中高度は，観測点と南中時の太陽を結んだ線と，地表がなす角の大きさである。

(3) 1時間で4cm移動しているので，点Gから9時の点を記録するまで時間は，

$$1\,h \times \frac{9\,cm}{4\,cm} = 2.25\,h$$

2.25時間は，2時間15分なので，9時の2時間15分前が日の出の時刻である。

(4) 日の出と日の入りの位置が南よりになっているので，記録した日は秋分と春分の間，つまり，冬である。図3において，北極側が太陽のほうに傾いているⓐが夏至なので，ⓑが秋分，ⓒが冬至，ⓓが春分であることがわかる。よって，記録した日はⓒとなる。

◆**天体の動きと地球の自転・公転**
・天体がその上を動くと考えたときの，観測者を中心とした見かけ上の球面を**天球**という。
・季節によって気温が変化するのは，昼間の時間が変わり，太陽の光が当たる角度によって，単位面積あたりに地面が受ける光の量が変わるからである。

2(1) 南の空の星座は，1時間に約15°，東から西へ移動する。よって，2時間後には，午後8時に見えた位置から西に30°移動したCの位置にある。

(2) 南の空の星座が同じ時刻に見える位置は，1か月で約30°，東から西へ移動する。よって，2か月後には，2月15日に見えた位置から60°移動したDの位置にある。

(3) 南の空の星座が同じ時刻に見える位置は，1か月で約30°，東から西へ移動し，12か月後にはもとの位置にもどる。よって，10か月後の午後8時では，オリオン座はAの位置に見える。また，南の空の星座は，1時間に約15°，東から西へ移動するので，Aにあったオリオン座が真南にくる（60°移動する）までの時間は4時間である。よって，午後8時から4時間後の午前0時に図の位置に見えるようになる。

◆**地球の公転と天球上の太陽の動き**
・太陽は，地球の**公転**によって，星座の中を動いているように見える。この星座の中の太陽の通り道を**黄道**という。

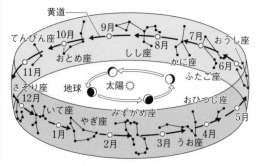

地球をはさんで太陽の反対側にある星座が真夜中に南中する。

3 Aは水星，Bは金星，Cは火星，Dは木星，Eは土星，Fは天王星，Gは海王星である。

(1) 直径がもっとも大きい**惑星**は木星である。

(2) 水素やヘリウムなどからなり，大型で密度が小さい惑星を**木星型惑星**という。木星，土星，天王星，海王星があてはまる。

(3) 地球より内側を回っている惑星は，真夜中に見ることができない。

(4) **銀河系**は，上から見るとうずまき状，横から見ると凸レンズ状の形をしている。半径は約5万光年あり，**太陽系**は銀河系の中心部から約2万8000光年の位置にある。

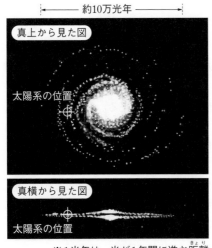

├── 約10万光年 ──┤

真上から見た図

太陽系の位置

真横から見た図

太陽系の位置

※1光年は，光が1年間に進む距離（約9兆5000億km）

◆太陽の構造

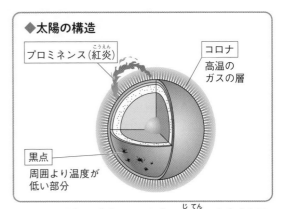

プロミネンス（紅炎）
コロナ
高温のガスの層
黒点
周囲より温度が低い部分

4(2) 月の公転の向きは，地球の**自転**の向きと同じである。

(4) **月食**は，月・地球・太陽が，この順に一直線上に並んだときに起こることがある。なお，**日食**は，地球・月・太陽が，この順に一直線上に並んだときに起こることがある。

月食の起こるしくみ

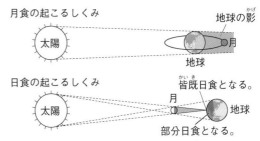

太陽
地球の影
月
地球

日食の起こるしくみ

太陽
皆既日食となる。
月
地球
部分日食となる。

⊖⊃入試につながる

●**太陽の観察**

望遠鏡を使って太陽の表面を定期的に観察すると，右の図のように**黒点**が移動しているのが観察できる。このことから，次のようなことがわかる。

①黒点は，約14日で太陽の端から端まで移動する。
・太陽は自転をしており，約14日で半回転する。
→約28日で1回自転する。

②黒点は太陽の端のほうへ行くほど形がゆがむ。
・黒点の形は変化する。
→太陽が球形をしているので，端のほうで黒点の形がゆがんで見える。

③黒点が現れたり消えたりする。
→太陽の表面は激しく流動している。

太陽の表面の黒点の移動

10月20日

10月21日

10月23日

10月24日

10月26日

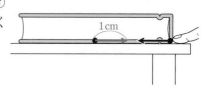

ステップ2	
1	(1)角A…入射角　角C…屈折角　(2)40°　(3)全反射　(4)イ
2	(1)15 cm　(2)実像　(3)エ　(4)X…長く(遠く)　Y…大きく
3	(1)振動数　(2)B　(3)AとD
4	(1)比例(の関係)　(2)0.4 N　(3)3.5 cm　(4)120 g
5	(1)垂直抗力(抗力)　(2)3 N　(3)右図

解説

1(2)　角Bは反射角である。**入射角**と**反射角**は常に等しくなるので，入射角(角A)と同じ40°になる。

(4)　光が空気中からガラスに入るとき，**屈折角**が入射角より小さくなるように進む。

> ◆**光による現象**
> ・入射角と屈折角の大小関係は，光が空気中からガラス中(や水中)に入る場合も，ガラス中(や水中)から空気中に出る場合も，常に空気側の角度のほうが大きくなる。
> ・水中にある物体や，ガラスの向こう側にある物体がずれて見えるのは，物体で反射した光が境界面で屈折して目に入るからである。
>
> ずれて見える鉛筆
>
>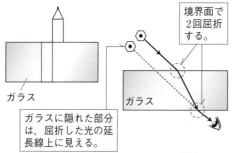
>
> ガラスに隠れた部分は，屈折した光の延長線上に見える。
>
> ・物体に当たった光が，その表面の凹凸によりいろいろな方向に反射することを**乱反射**という。
> ・太陽の光など，いろいろな色の光が混ざっているが，色を感じない光を**白色光**という。

2(1)　スクリーンに物体と同じ大きさの像が映るのは，凸レンズから物体までの距離と，凸レンズからスクリーンまでの距離が，ともに**焦点距離**の2倍になるときである。図で，物体とスクリーンは

それぞれ凸レンズから30 cmの位置にあるので，この凸レンズの焦点距離は，30 cm ÷ 2 = 15 cm

(3)　スクリーンに映る像(**実像**)は，物体と上下・左右が逆向きに見える。

(4)　物体を凸レンズに近づけるほど，像ができる位置は遠くなり，像の大きさは大きくなる。ただし，物体を凸レンズの焦点の位置に置いた場合は像ができなくなり，さらに凸レンズに近づけて焦点の内側に置いた場合は，物体と同じ方向に**虚像**が見えるようになる。

> ◆**凸レンズの特徴**
> ・ふくらみが大きい凸レンズほど，屈折のしかたが大きくなり，焦点距離は短くなる。

3(2)　**振幅**が大きいほど，音の大きさが大きい。

(3)　**振動数**が多いほど，音は高くなる。同じ高さの音は，振動数が同じになる。

山(谷)から山(谷)の間が1回の振動

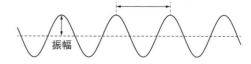

> ◆**音の伝わり方**
> ・音は空気などの気体の中だけでなく，液体や固体の中も伝わる。

4(1)　グラフは，原点を通る直線になっているので，比例の関係である。

(2)　グラフから，ばねののびが2 cmのときのばねを引く力の大きさを読みとればよい。

(3)　ばねは0.2 Nの力で1 cmのびるので，求めるばねののびを x [cm] とすると，

$$0.2 N : 0.7 N = 1 cm : x \qquad x = 3.5 cm$$

よって，3.5 cm

(4) ばねを 6 cm のばすのに必要な力の大きさを
x〔N〕とすると，

$0.2\,\mathrm{N} : x = 1\,\mathrm{cm} : 6\,\mathrm{cm}$　　$x = 1.2\,\mathrm{N}$

よって，1.2 N

100 g の物体にはたらく**重力**の大きさが 1 N な の

で，$100\,\mathrm{g} \times \dfrac{1.2\,\mathrm{N}}{1.0\,\mathrm{N}} = 120\,\mathrm{g}$

> ◆**いろいろな力**
>
> 　重力…地球や月などが，物体をその中心に
> 　　向かって引く力
> 　弾性力(弾性の力)…変形した物体がもとに
> 　　もどろうとして(弾性によって)生じる力
> 　磁力…磁石どうしが引き合ったりしりぞけ
> 　　合ったりする力

5(1) 物体が接している面から，物体に垂直にはた
らく力を**垂直抗力(抗力)**という。

(2) **つり合っている** 2 力の大きさは等しい。図 1
で，**X**(垂直抗力)は重力とつり合っているので，
X の力の大きさは，重力の大きさと同じ 3 N で

ある。

(3) 物体が動こうとするとき，物体のふれ合う面
で，物体の運動を妨げるようにはたらく力を**摩擦
力**という。図 2 で，本は動いていないので，指が
本を押す力と摩擦力がつり合っている。よって，
指が本を押す力と逆向きで，長さが等しい矢印を，
作用点からかけばよい。

> ◆**力の表し方**
>
> ・力を矢印を使って表すとき，矢印の長さは，
> 　力の大きさに比例させる。
>
>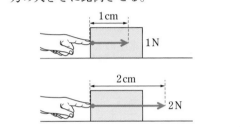

GO入試につながる

●凸レンズによってできる像の作図

(実像)

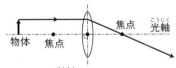

①物体の先端から光軸に平行に進
み，凸レンズで屈折して焦点を
通る光の道すじをかく。

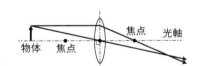

②物体の先端から凸レンズの中心を
通って直進する光の道すじをかく。

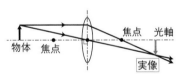

③2つの光の道すじの交点が，
像の先端の位置となる。

(虚像)

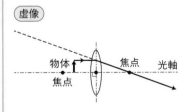

①物体の先端から光軸に平行に進
み，凸レンズで屈折して焦点を
通る光の道すじをかき，物体側
に直線をのばす。

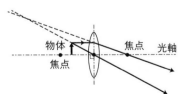

②物体の先端から凸レンズの中心
を通る光の道すじをかき，物体
側に直線をのばす。

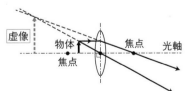

③のばした2本の線の交点が，
像の先端の位置となる。

第12回 電流とその利用 (1)

本冊 p.50〜51

ステップ2

1 (1)㋒ (2)300 V(の－端子) (3)2.40 V
2 (1)直列回路 (2)① 0.15 A ② 1.5 V (3)① 0.6 A ② 6.0 V
3 (1)比例(の関係) (2)20 Ω (3)8 V (4)① 40 Ω ② 125 mA
4 (1)6 W (2)1800 J (3)㋑ (4)① 2 倍 ②㋑
5 (1)①電子 ②電極A (2)電極C(上)のほうに曲がる。

解説

1 (1) ㋐は電球，㋑は電流計の**電気用図記号**である。
(2) 回路に加わる電圧の大きさが予想できないときは，いちばん大きい**電圧**がはかれる 300 V の－端子につなぐ。
(3) 最小目盛りの $\frac{1}{10}$ まで目分量で読みとる。
3 V の－端子を使っているので，いちばん小さい目盛りは 0.1 V を表す。

◆**回路図**
・電流が流れる道すじを**回路**といい，回路を電気用図記号を使って表したものを**回路図**という。

回路の例

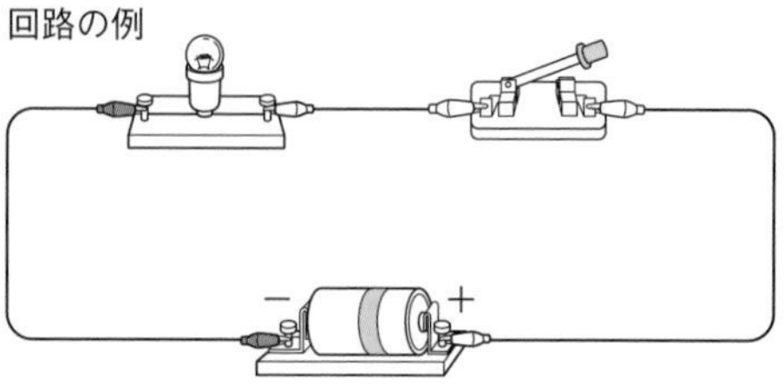

回路図の例

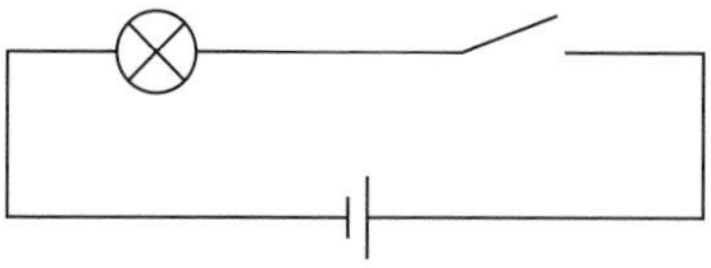

2 (1) 電流の流れる道すじが，枝分かれしていなければ**直列回路**，枝分かれしていれば**並列回路**である。
(2)① 直列回路では，回路のどの点でも電流の大きさは等しい。
② 直列回路では，各部分に加わる電圧の和が，電源の電圧に等しい。よって，電熱線Bに加わる電圧は，6.0 V － 4.5 V＝1.5 V
(3)① 並列回路では，枝分かれする前の電流の大きさが，枝分かれした後の電流の大きさの和であり，合流した後の電流の大きさである。よって，点ⓕを流れる電流の大きさは，
0.8 A－0.2 A ＝ 0.6 A
② 並列回路では，各部分に加わる電圧の大きさは同じで，電源の電圧に等しい。

3 (1) グラフが原点を通る直線になっているので，比例の関係である。
(2) 2 V の電圧を加えたとき，0.1 A の電流が流れるので， $R=\frac{V}{I}$ より， $\frac{2\ \mathrm{V}}{0.1\ \mathrm{A}}=20\ \Omega$
(3) $V=RI$ より，20 Ω ×0.4 A＝8 V
(4)① 直列回路の全体の**電気抵抗**(**抵抗**)は，それぞれの電気抵抗の和になる。
20 Ω ＋ 20 Ω＝40 Ω
② $I=\frac{V}{R}$ より， $\frac{5\ \mathrm{V}}{40\ \Omega}=0.125\ \mathrm{A}$
0.125 A＝125 mA

4 (1) **電力**〔W〕＝電圧〔V〕× 電流〔A〕である。電気抵抗が 6 Ω の電熱線Aに 6 V の電圧を加えたときに流れる電流は，
$I=\frac{V}{R}$ より， $\frac{6\ \mathrm{V}}{6\ \Omega}=1\ \mathrm{A}$
よって，電熱線Aが消費する電力は，
6 V×1 A＝6 W
(2) **電力量**〔J〕＝ 電力〔W〕× 時間〔s〕 なので，
6 W ×(60×5) s＝1800 J
(3) 電力が一定の場合，電熱線の発熱量は，電流を流した時間に比例する。表より，水温は 1 分間で約 0.6 ℃ 上昇しているので，15 分後には，(0.6 ℃×15＝)9 ℃上昇して 29.7 ℃になると考えられる。

(4)① 電熱線Bに6Vの電圧を加えたときに流れる電流は，$\frac{6\,V}{3\,\Omega}=2\,A$

よって，電熱線Bが消費する電力は，

$6\,V \times 2\,A = 12\,W$

② 電流を流す時間が一定の場合，電熱線の発熱量は，電力に比例する。電熱線Aの5分間の上昇温度は，$23.8\,℃ - 20.7\,℃ = 3.1\,℃$

①より，電熱線Bの電力は電熱線Aの2倍なので，水温は，$(3.1\,℃ \times 2 =)\,6.2\,℃$上昇して26.9℃になると考えられる。

◆**電気とそのエネルギー**

・電流がもつ，光や熱，音を発生させたり，物体を動かしたりする能力を**電気エネルギー**という。

・電気抵抗が小さく，電流が流れやすい物質を**導体**といい，電気抵抗が大きく，電流が流れにくい物質を**不導体**，または，**絶縁体**という。

・電気器具に，「100 V-1200 W」と表示されている場合，その電気器具が，100 Vの電圧で使用したときに1200 Wの電力を消費することを表している。

5　放電管(クルックス管)で**真空放電**を起こしたときに−極(陰極)から出る，電子の流れを**陰極線(電子線)**という。

(1) 電子は−極から飛び出す。

(2) 電子は−の電気をもっているので，＋極のほうへ曲がる。

◆**放射線とその利用**

・**X線**，**α線**，**β線**，**γ線**などを**放射線**といい，放射線を出す物質を**放射性物質**という。放射線には，物質を透過する性質がある。

透過する力は，種類によって異なる。

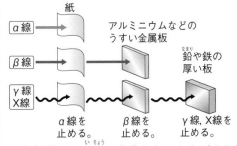

α線を　　β線を　　γ線，X線を
止める。　止める。　止める。

・放射線は，医療や農業など，さまざまな場面で利用されているが，生物が多量に浴びると健康な細胞が傷ついてしまう可能性がある。

┗━ **入試につながる** ━

●**オームの法則**

オームの法則は，電圧＝抵抗×電流($V = RI$)の形で覚えておき，変形させて使いこなすとよい。右の図のような形で覚えておくと便利である。

右の図で，求めるものの部分を指で押さえると，対応する式がわかる。

①抵抗を求める場合

$$R = \frac{V}{I}$$

②電流を求める場合

$$I = \frac{V}{R}$$

③電圧を求める場合

$$V = RI$$

ステップ2

1 (1)磁力線　(2)ⓐ　(3)**C**　(4)ⓐ

2 (1)ⓘ　(2)**C**　(3)ⓐ

3 (1)ⓐ　(2)①ⓑ　②ⓓ　(3)①ⓐ　②ⓘ　(4)ⓒ

4 (1)電磁誘導　(2)誘導電流　(3)①右　②右　(4)①ⓐ　②ⓒ　③ⓔ

5 (1)A…直流　B…交流　(2)B

解説

1(2)　**磁界の向き**に注目する。**磁力線**はN極から出て，S極に入る。

(3)　磁力線の間隔がせまいところほど，磁界が強い。

(4)　コイルに流れる電流と，コイルにできる磁界の関係は，下の図のように，「右手の親指の向き」と「にぎったほかの4本の指の向き」の関係と同じである。

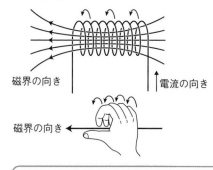

◆**磁石の磁界**

・**磁力**とは，磁石の異なる極どうしが引き合い，同じ極どうしがしりぞけ合う力のことである。

・棒磁石は，2つの極に近いところほど，磁界が強い。

2(1)　図の向きに電流が流れるとき，磁界の向きは図の通りになる。

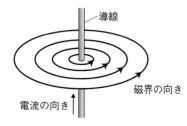

(2)　Cの方位磁針の向きは，もともと磁界の向き

にそっているので，ほとんど振れない。

(3)　導線のまわりにできる磁界の向きは，電流の向きを逆にすると，逆になる。

◆**電流がつくる磁界**

・まっすぐな導線に電流を流すと，導線を中心に同心円（中心が同じで半径が異なる円）状に磁界ができる。

3(1)　磁石の磁界の向きは，N極からS極の向きなので，図のときはⓐの向きになる。

(2)　磁界の中の電流が受ける力の向きは，電流の向きを逆にしたり，磁石のN極とS極を入れかえたりすると逆になる。電流の向きと磁石の極の両方を逆にした場合は，力の向きは変わらない。

(3)　磁界の中の電流が受ける力の大きさは，流れる電流が大きいほど大きくなる。電熱線を電気抵抗の大きいものにかえると，回路に流れる電流の大きさは小さくなるので，電流が受ける力の大きさも小さくなる。

◆**コイルが磁界から受ける力**

・磁界の中の電流が受ける力の向きは，電流の向きと磁界の向きの両方に垂直である。

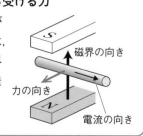

4(1)(2)　コイルと棒磁石が近づいたり遠ざかったりすると，コイルの中で磁界が変化する。その変化に応じた電圧が生じ，コイルに電流が流れる。

(3)　**誘導電流**の向きは，棒磁石の動かし方（近づけたり遠ざけたり）を逆にすると逆になる。また，

棒磁石のN極とS極を逆にすると逆になる。なお，棒磁石の極を逆にして，動かし方を逆にした場合は，誘導電流の向きは変わらない。

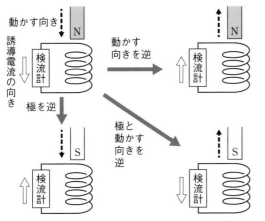

（4）　コイル内の磁界の変化が大きいほど，誘導電流は大きくなる。棒磁石を速く動かしたり，磁力の強い棒磁石を使ったり，コイルの巻数をふやしたりすれば，磁界の変化が大きくなる。

5（1）　流れる向きが一定の電流を**直流**という。オシロスコープで調べた波形は直線になる。一方，向きや大きさが周期的に変化する電流を**交流**という。オシロスコープで調べた波形は波になる。

（2）　家庭のコンセントから流れる電流は交流である。

◆**直流と交流**
・家庭で使われている交流は，東日本と西日本で**周波数**が異なる。東日本では50 Hz，西日本では60 Hzの交流が利用されている。

⊖⊕入試につながる

●モーターのしくみ

モーターは，電流が磁界から受ける力を利用して回転し続ける。

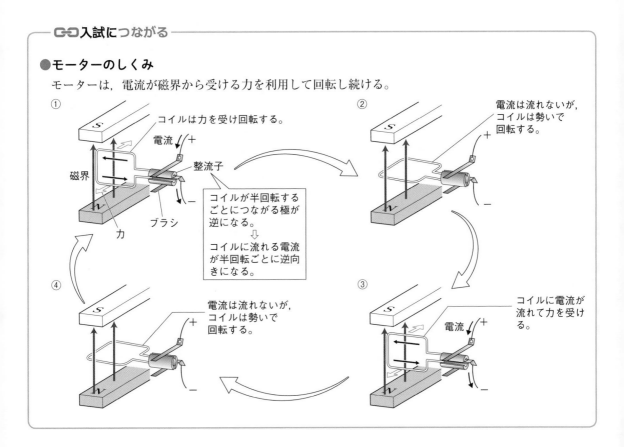

運動とエネルギー

[本冊] p.58〜59

ステップ2

1 (1)浮力 (2)0.2 N (3)0.8 N
2 右図
3 (1) 0.1 秒 (2) 31 cm/s (3)㋐
4 (1)等速直線運動 (2)A (3)慣性
5 (1)A…90 J B…60 J (2)A…6 W B…5 W
(3)Aさん (4)仕事の原理
6 (1)A，E (2)C (3)力学的エネルギー (4)㋓

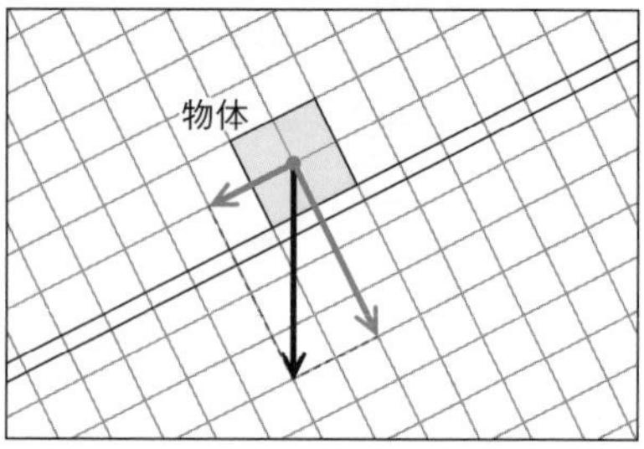

[解説]

1 (2) **浮力**の大きさは，重力の大きさ(空気中でばねばかりが示す値)から，水中に入れたときのばねばかりが示す値を引けば求めることができる。
1.2 N − 1.0 N = 0.2 N
(3) 物体がすべて水中に入っているとき，浮力の大きさは，深さが変わっても変わらない。

◆浮力と物体の浮き沈み
・水中の物体にはたらく浮力よりも重力のほうが大きい場合，物体は水に沈む。逆に，物体にはたらく重力よりも浮力のほうが大きければ，水中の物体は浮かび上がっていく。

2 重力を表す矢印を対角線とする平行四辺形を，斜面に平行な線と，斜面に垂直な線で作図する。このときの平行四辺形(2つの**分力**の間の角が90°なので長方形になる)のとなり合う2力が分力になる。

3 (1) 1秒間に50回打点するので，1打点間の時間は，1 s÷50＝0.02 s
よって，5打点では，0.02 s×5＝0.1 s
(2) 移動距離は12.4 cm，移動にかかった時間は20打点分の0.4秒なので，**平均の速さ**は，
$\frac{12.4\ \text{cm}}{0.4\ \text{s}}=31\ \text{cm/s}$
(3) 打点間隔がだんだん広くなっているので，台車はだんだん速くなっていることがわかる。

◆運動の規則性
・物体がある時間(区間)の間，一定の速さで移動したと考えて求めた速さを平均の速さといい，ごく短い時間に移動した距離をもとに求めた速さを**瞬間の速さ**という。
・静止していた物体が重力を受けて真下に落下する運動を**自由落下**という。

4 (2)(3) 物体には，運動の状態を保とうとする性質があり，これを**慣性**という。電車が急ブレーキをかけても，乗客はそのまま進み続けようとするので，進行方向に傾く。

◆物体間での力のおよぼし合い
・「つり合っている2力」と「**作用・反作用**の2力」は，どちらも同一直線上にあり，反対向きで，同じ大きさの2力であるが，次のようなちがいがある。
つり合っている2力
→1つの物体にはたらく
作用・反作用の2力
→2つの物体にはたらく

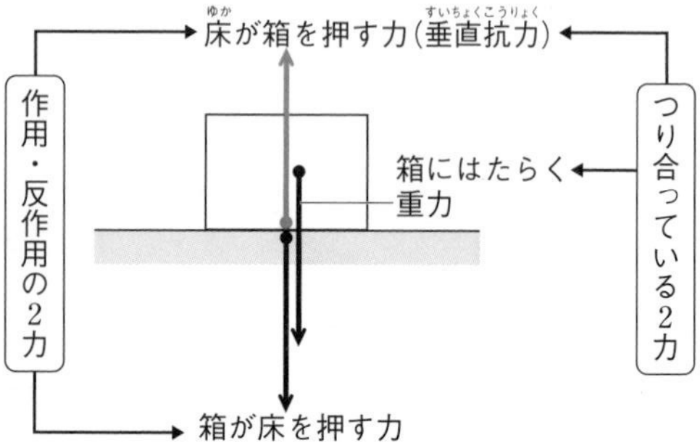

5(1)**A さん**…3 kg の物体にはたらく重力の大きさ
は 30 N, ひもを引く距離は 3 m なので,

30 N × 3 m = 90 J

B さん…動滑車を使っているので, 必要な力の大
きさは半分になり, 力の向きに動かす距離は 2 倍
になる。2 kg の物体を引き上げる力の大きさは,

20 N ÷ 2 = 10 N

ひもを引く距離は, 3 m × 2 = 6 m
よって, **B さんが行った仕事**は,

10 N × 6 m = 60 J

(2)**A さん**…$\dfrac{90 \text{ J}}{15 \text{ s}} = 6$ W　　　**B さん**…$\dfrac{60 \text{ J}}{12 \text{ s}} = 5$ W

(3) **仕事率**が大きいほうが, 仕事の能率がよいと
いえる。

> ◆**仕事**
> ・物体に力を加えても物体が動かない場合や,
> 物体を手で持っているだけの場合は, 移動
> 距離が 0 m なので, 仕事をしたことには
> ならない。

6　おもりが点Aから点Cに運動する間は, **位置エ
ネルギー**が減少し, その分, **運動エネルギー**が増
加する。点Cから点Eに運動する間は, 運動エネ
ルギーが減少し, その分, 位置エネルギーが増加
する。

(1) 位置エネルギーは点A, 点Eで最大になり,
運動エネルギーは点Cで最大になる。

(2) 運動エネルギーが最大になる点Cが, おもり
の速さがもっとも速い。

(4) 摩擦や空気の抵抗がなければ, 位置エネルギ
ーと運動エネルギーの和である**力学的エネルギー**
はいつも一定に保たれる。これを**力学的エネルギ
ー保存の法則**（力学的エネルギーの保存）という。

> ◆**力学的エネルギー**
> ・ある物体がほかの物体に仕事をする能力を
> **エネルギー**という。
> ・ふりこの長さが途中で変わるようにしても,
> おもりは手をはなしたときと同じ位置まで
> 上がる。
>
>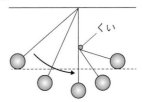
> くい

🔗**入試につながる**

●**斜面を下る台車の運動**

斜面の傾きが大きいほど, 斜面に平行な分力が大きくなり, 速さのふえ方が大きくなる。

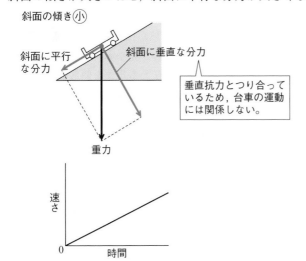

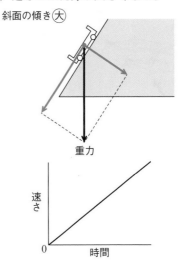

ステップ
2

1 (1)食物連鎖 (2)**A** (3)**エ** (4)**ウ**
2 (1)微生物を死滅させるため。 (2)**A** (3)分解者
3 (1)**A**…熱伝導(伝導) **B**…熱放射(放射) **C**…対流 (2)①**B** ②**C**
4 (1)①化石燃料 ②地球温暖化 (2)**X**…**カ** **Y**…**ウ** (3)**エ**

解説

1(2) 植物は，**食物連鎖**のはじまりとなるので，**A**である。

(3) いっぱんに，ある**生態系**内における生物の数量は，植物→草食動物→小形の肉食動物→大形の肉食動物の順に少なくなる。

(4) 生物**C**が急激にふえると，生物**B**は食べられる量がふえるので，一時的に減る。また，生物**D**は食物がふえるので一時的にふえる。

◆**自然界のつり合い**
・食物連鎖は，水中や土中など，あらゆるところで見ることができる。
・水中に浮かんで生活している生物をプランクトンという。水中での食物連鎖は，植物プランクトンからはじまる。

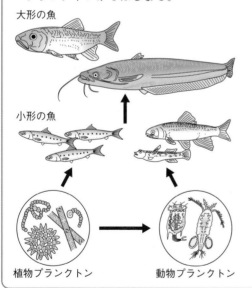

大形の魚

小形の魚

植物プランクトン 動物プランクトン

2(1) 対照実験として，**微生物**がいるものといないものを準備する必要がある。

(2) **A**では微生物によって培地にふくまれるデンプンが分解されるため，ヨウ素(溶)液を加えると

ろ紙のまわりだけが青紫色に変化しない。一方，**B**では培地にふくまれるデンプンがそのまま残っているため，ヨウ素(溶)液を加えると，培地全体が青紫色に変化する。

◆**生物を通しての物質の循環**
・微生物とは，顕微鏡などによって観察できる微小な生物(**菌類や細菌類**)のことである。
・菌類はカビやキノコのなかまで，多くは胞子でふえる。細菌類は乳酸菌や大腸菌などの単細胞生物で，分裂によってふえる。
・分解者は，菌類，細菌類だけでなく，落ち葉や枯れ枝を食べる小動物(ダンゴムシやトビムシなど)や，生物の遺骸や排出物を食べる小動物(シデムシ，センチコガネなど)もふくまれる。
・炭素は，有機物(デンプンなど)になったり，無機物(二酸化炭素など)になったりして，自然界を循環している。

3(1) **A**のように，触れている物体の高温の部分から低温の部分へ熱が伝わる現象を**熱伝導(伝導)**，**B**のように，物体が光や赤外線などを出し，空間をへだてて熱が伝わる現象を**熱放射(放射)**，**C**のように，温度が異なる液体や気体が移動して熱が伝わる現象を**対流**という。

(2)① 光に当たった部分があたたかくなるのは，太陽が出した光や赤外線などによって熱が伝わるからである。これは熱放射の一例である。

② あたたかい空気は上昇し，冷たい空気は下降する。この現象によって空気が流動し，熱が伝わるので対流である。

4(1) **化石燃料**を燃やすと，二酸化炭素が発生する。二酸化炭素は温室効果(地球から宇宙に放出され

る熱を吸収して，再び地球に放出する性質）をもつ気体なので，**地球温暖化**の原因の1つと考えられている。

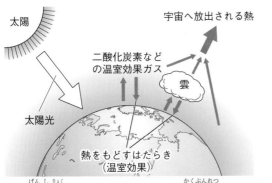

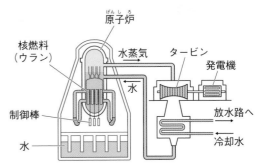

(2) 原子力発電は，ウランなどが核分裂するときのエネルギーを利用して，水を高温・高圧の水蒸気にして発電機を回転させる。

(3) 風力発電は風によって発電量が大きく変化する。また，太陽光発電は時間帯や天気によって発電量が大きく変化する。

GⒸ **入試につながる**

●生物の数量的なつり合いの変化

生物の数量は多少の増減はあっても，つり合いはほぼ一定に保たれる。ただし，人間の活動や自然災害などで，そのつり合いがくずれると，もとの状態にもどるのに長い時間がかかったり，もとの状態にもどらなかったりすることがある。

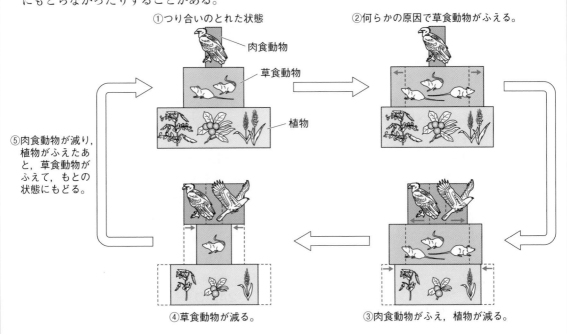

1 (1)②エ　④ウ　(2)A…ア　B…ウ　C…イ　(3)エ

2 (1)エ　(2)イ　(3)カ　(4)($2Ag_2O \longrightarrow$)$4Ag + O_2$

3 (1)太陽の動き…c　地球の位置…A　(2)エ　(3)ウ　(4)11.6°　(5)ウ

4 (1)実像　(2)20(cm)　(3)右図　(4)ア

5 (1)c　(2)肺胞

　(3)酸素の多いところ…酸素と結びつく。

　　　酸素の少ないところ…酸素をはなす。

　(4)①イ　②エ

6 (1)①水素　②水酸化物　(2)①イ　②ア　③ア　(3)ウ

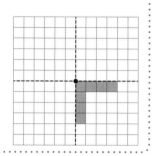

解説

1 ゼニゴケは**コケ植物**，タンポポは**被子植物**の**双子葉類**，スギナは**シダ植物**，イチョウは**裸子植物**，イネは被子植物の**単子葉類**である。

(1) シダ植物とコケ植物は，種子ではなく**胞子**をつくってふえるのが特徴なので，①には「種子をつくる」があてはまる。また，5種類の植物のうち，葉，茎，根の区別がないのはコケ植物だけなので，③には「葉，茎，根の区別がある」があてはまる。種子をつくる種子植物は，**胚珠**が**子房**の中にある被子植物と胚珠がむき出しになっている裸子植物に分類できるので，②には「子房がある」があてはまる。被子植物は，子葉が1枚の単子葉類と，子葉が2枚の双子葉類に分類できるので，④には「子葉が2枚ある」があてはまる。

(2) (1)より，Aには双子葉類，Bには単子葉類，Cには裸子植物があてはまる。

(3) ゼニゴケは，花をつくらないのでア，ウは誤り。また，葉，茎，根の区別がなく，**葉脈**も存在しないのでイも誤り。

ゼニゴケの体のつくり

裏に胞子のうがある。　仮根　体を地面に固定する役目をもつ。

2 酸化銀を加熱すると，銀と酸素に(熱)**分解**される。

(1) 加熱後の試験管Aに残った物質は銀である。銀は金属なので，たたくとうすく広がり，電気をよく通す。

金属の性質

電気をよく通す。

熱をよく伝える。

引っぱるとのびる。

たたくと広がる。

みがくと光沢が出る。

(3) 発生した気体は酸素である。酸素にはほかのものを燃やす性質があるため，酸素を集めた試験管に火のついた線香を入れると，線香が激しく燃える。なお，アは二酸化炭素，イはアンモニアや塩素など，ウは水素，エはアンモニア，オは二酸化炭素や塩素などの性質である。

(4) 　　酸化銀　　　　銀　　酸素

　　$2Ag_2O \longrightarrow 4Ag + O_2$

反応の前後で，**原子**の種類と数を等しくするため，銀を4個にする。

③(1) 夏至の日は，日の出・日の入りの位置が北寄りになるのでcである。また，夏は北極側が太陽の方向に傾くのでAが夏至の日の位置である。なお，図1で，日の出・日の入りの位置が南寄りのaは冬至の日，真東から出て真西に沈むbは春分・秋分の日の太陽の動きである。

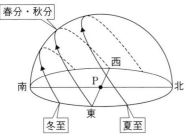

(2) 図2で地球がCの位置にあるとき，次の図のように，日没直後は東の空におうし座が見える。

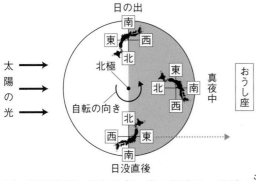

(3) 同じ時刻に見える南の空の星座は，地球の**公転**によって，1か月で西に約30°移動して見える。

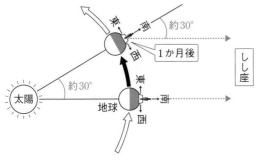

(4) 太陽の光に対して光電池が垂直になるときの光電池の傾きは，90°－**南中高度**となる。夏至の日の南中高度は，90°－（緯度－23.4°）で求められるので，北緯35°の南中高度は，

$90° - (35° - 23.4°) = 78.4°$

よって，太陽の光に対して光電池が垂直になるときの光電池の傾きは，$90° - 78.4° = 11.6°$

(5) 観測地の緯度が異なると，太陽の動き方はちがって見える。南半球では，太陽は東の空からの

ぼり，北の空を通って，西の空に沈む。

④(2) スクリーンにフィルターと同じ大きさの**像**が映るのは，凸レンズから光源までの距離と，凸レンズからスクリーンまでの距離が，ともに**焦点距離**の2倍になるときである。実験で使った凸レンズの焦点距離は10 cmなので，図2の像が映ったときの凸レンズとスクリーンの距離は，

$10\ cm × 2 = 20\ cm$

(3) **実像**は，同じ向きから見た場合に，物体（光源）と上下・左右が逆向きになる。よって，サンベさんが見たフィルターの形は，アオノさんとは逆の向きからスクリーンを見たときの像（右の図）と上下・左右が逆の形になる。

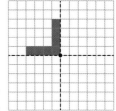

(4) 下の図のように，物体を凸レンズに近づけるほど，像ができる位置は遠くなり，そのときにできる像の大きさは大きくなる。ただし，物体を焦点の位置に置いたときや，焦点よりも凸レンズに近づけた場合は，スクリーンに像は映らなくなる。

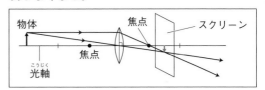

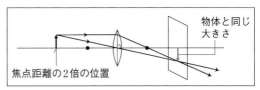

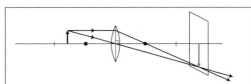

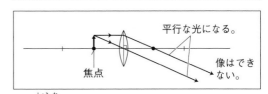

⑤(1) **消化**された（栄）養分は，おもに小腸で吸収される。そのうちブドウ糖やアミノ酸は，血液によって肝臓に運ばれ，その後全身に運ばれる。よって，cを流れる血液が，（栄）養分をふくむ割合が

もっとも高いといえる。

(2) 肺胞はうすい膜でできており，まわりを毛細血管が網の目のようにとり囲んでいる。肺にとりこまれた空気中の酸素は，毛細血管の血液中にとりこまれ，血液中の二酸化炭素は肺胞内に出されて，息をはくときに体外に出される。

(4) アンモニアは血液によって肝臓に運ばれ，害の少ない尿素に変えられる。尿素は腎臓に送られ，血液中からこし出されて尿になる。

6 (1) BTB(溶)液は，酸性で黄色，中性で緑色，アルカリ性で青色に変化する。つまり，①は酸性の水溶液に共通してふくまれるイオンなので，水素イオンである。また，水酸化バリウム水溶液にふくまれるイオンは，バリウムイオンと水酸化物イオンである。このうち，水素イオンと結びついて水ができるのは，水酸化物イオンである。なお，水素イオン(H^+)と水酸化物イオン(OH^-)から水(H_2O)が生じることにより，酸とアルカリがたがいの性質を打ち消し合う反応を中和という。

(2) フェノールフタレイン(溶)液は無色の薬品で，アルカリ性の水溶液に入れると，赤色に変化する。実験でのBTB(溶)液の色から，ビーカーBの塩酸は，うすい水酸化バリウム水溶液を30cm³加

えたところでちょうど中和して，酸性から中性へ変わったことがわかる。つまり，うすい水酸化バリウム水溶液を加える量が30cm³を超えると，水溶液はアルカリ性になり，無色から赤色に変化すると考えられる。

(3) 実験[2]より，ビーカーAのうすい硫酸は，うすい水酸化バリウム水溶液を20cm³加えるとちょうど中和して中性になることがわかる。つまり，うすい水酸化バリウム水溶液を20cm³より多く加えても，反応する水酸化バリウム水溶液は20cm³だけで，生じる沈殿は0.5gより多くはならない。よって，グラフは，原点から(20，0.5)の点まで右上がりになり，それ以降は0.5gのまま横軸に平行になる。

⊖⊖入試につながる

1 植物の分類に関する問題では，分類するときの基準について多く出題されている。それぞれのグループの特徴をしっかり理解しておこう。あわせて代表的な植物をいくつか覚えておこう。

2 酸化銀の(熱)分解に関する問題では，金属の性質や質量の変化をからめた問題がよく出題される。酸化銀以外では，炭酸水素ナトリウムの(熱)分解に関する問題がよく出題される。フェノールフタレイン(溶)液の色の変化や，水が発生することに関連して試験管の口を下げることなど，粉末を加熱する実験での基本的な操作方法を理解しておこう。

3 地球の自転，公転に関する問題では，地球と太陽の位置関係から季節を正しく判断しよう。さらに，地球の自転，公転の向きから，どの方位の空にどの星座が見えるのかを考えて解答しよう。

4 光に関する問題では，鏡を使った像の見え方や，凸レンズを使った実像と虚像の見え方に関する問題がよく出題される。作図問題もよく出題されるので，正しくかけるように練習しておこう。

5 ヒトの体のはたらきに関する問題は，生物分野の中でも非常に出題率が高い。肝臓や腎臓など，臓器のはたらきをよく理解して入試にのぞもう。唾液などの消化液のはたらきもあわせて出題されやすい。消化によって食物が何に変化するのか，しっかりと覚えておこう。

6 イオンに関する問題は，毎年よく出題されている。中和によるイオンの数の変化や，化学反応式はしっかりと理解しておこう。

第2回 高校入試実戦テスト

[1] (1)㋐ (2)①㋑ ②㋑ ③ 6.1(km/s)
[2] (1) 4.0(Ω) (2)①㋐ ②㋓ (3)㋒
[3] (1)㋑, ㋒
(2)増加…ⓑの生物を食物とするⓒの生物が減少したから。
減少…ⓑの生物の食物となるⓐの生物が不足するから。
(3)動物は有機物をとり入れることが必要であるが，有機物をつくることができるのは生産者だけだから。
[4] (1)㋒→㋑→㋓→㋐ (2)名称…減数分裂 染色体数…12(本) (3)㋐，㋒，㋓
[5] (1)㋐ (2)㋓ (3)㋓ (4)(水溶液を)加熱して，水を蒸発させる。

[解説]

[1] (1) ユーラシアプレートと北アメリカプレートは大陸プレート(陸のプレート)，フィリピン海プレートと太平洋プレートは海洋プレート(海のプレート)である。海洋プレートは，ほかのプレートにぶつかり，地球内部に沈(しず)みこんでいる。

(2)① 地震(じしん)のゆれは，**震央**(しんおう)を中心にして同心円状に広がり，ふつう**震源**(しんげん)から近いところほど早く伝わる。よって，4秒を観測した地点に近い㋑か㋓が震央と考えられる。下の図のように，㋑を中心に円をかくと，7秒や8秒を観測した地点や，15秒から17秒を観測した地点がほぼ同じ線上にあるので，㋓よりも㋑のほうが震央として適切であるといえる。

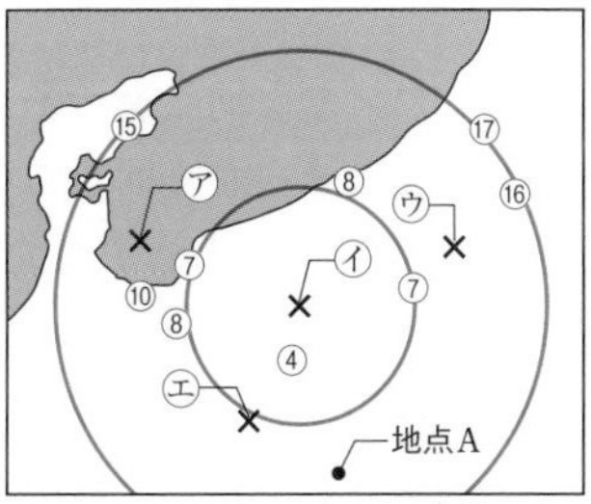

② はじめの小さいゆれ(**初期微動**(しょきびどう))を伝えるのが**P波**，あとから来る大きなゆれ(**主要動**(しゅようどう))を伝えるのが**S波**である。また，ゆれの大きさを表すのが**震度**(しんど)，地震の規模を表すのが**マグニチュード**である。

③ 震源から73.5 km離(はな)れた地点AにS波が伝わるまでの時間は，

$$\frac{73.5\ \mathrm{km}}{3.5\ \mathrm{km/s}} = 21\ \mathrm{s}$$

つまり，地震発生から緊急地震速報(きんきゅうじしんそくほう)が発表されるまでの時間は，

$21\ \mathrm{s} - 12\ \mathrm{s} = 9\ \mathrm{s}$

よって，地震発生からP波が地点Aで観測されるまでの時間は，

$9\ \mathrm{s} + 3\ \mathrm{s} = 12\ \mathrm{s}$

したがって，P波が伝わる速さは，

$$\frac{73.5\ \mathrm{km}}{12\ \mathrm{s}} = 6.125\ \mathrm{km/s}$$

[2] (1) 電熱線aは，8.0 Vの電圧(でんあつ)を加えると2.0 Aの電流が流れる。**電気抵抗**(でんきていこう)〔Ω〕$= \dfrac{\text{電圧〔V〕}}{\text{電流〔A〕}}$ より，

$$\frac{8.0\ \mathrm{V}}{2.0\ \mathrm{A}} = 4.0\ \Omega$$

(2)① 電熱線の発熱量(はつねつりょう)は，**電力**(でんりょく)の大きさに比例する。図2より，電流を同じ時間流したときの水の上昇(じょうしょう)温度は電熱線aのほうが大きいため，電熱線aのほうが発熱量が大きく，消費する電力が大きいといえる。

② 電力〔W〕＝電圧〔V〕×電流〔A〕より，加える電圧が同じとき，電力の大きさは，流れる電流が大きいほど大きくなる。つまり，消費する電力が大きい電熱線aのほうが流れる電流が大きい。

また，電気抵抗〔Ω〕$= \dfrac{\text{電圧〔V〕}}{\text{電流〔A〕}}$ より，加える電圧が同じとき，電気抵抗は，流れる電流が大きいほど小さくなる。よって，電気抵抗は電熱線aのほうが小さいといえる。

(3) 加える電圧が8.0 Vのときの電力は，

8.0 V×2.0 A＝16.0 W

加える電圧が 4.0 V のときの電力は，

4.0 V×1.0 A＝4.0 W

電熱線の発熱量は，電力の大きさに比例するので，電力が $\frac{1}{4}$ になると上昇温度も $\frac{1}{4}$ になる。図2より，加える電圧が 8.0 V のときの1分間の水の上昇温度は 2.0 ℃なので，電圧を 4.0 V に変えたときの1分間の上昇温度は 0.5 ℃になると考えられる。電流を流し始めてから8分後の上昇温度が 8.5 ℃なので，次の図のように，その点まで1分ごとに 0.5 ℃ずつ上昇したように直線をのばしていくと，電流を流し始めてから3分のところで，加える電圧が 8.0 V のときの上昇温度のグラフと交わる。つまり，電圧を 4.0 V に変えたのは，電流を流し始めてから3分後(180秒後)である。

図2

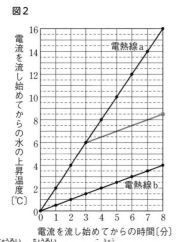

3 (1) 哺乳類と鳥類は肺で呼吸する動物である。また，脊椎動物なので，背骨がある。なお，哺乳類の体の表面は毛でおおわれており，鳥類の体の表面は羽毛でおおわれている。

(2) 食物連鎖の中にある生物の数量は，その生物が食べる生物の数量と，その生物を食べる生物の数量によって大きく影響を受ける。一般的に，ある生物が増加するのは，その生物の食物が豊富にあるときか，その生物を食物とする生物が減少したときである。逆に，ある生物が減少するのは，その生物の食物が不足したときか，その生物を食物とする生物が増加したときである。ⓒの生物が減少した直後は，ⓐの生物の数量には大きな変化はないはずなので，ⓑの生物が増加した理由は，ⓒの生物が減少したためと考えられる。また，グラフではⓒの生物は減少したままなので，ⓑの生物が減少した理由は，ⓑの生物が増加したことで，食物であるⓐの生物が不足したためと考えられる。

4 (1) 雄と雌の生殖細胞の核が合体してできた，1つの新しい細胞を受精卵という。受精卵は，細胞分裂によってⓌ→ⓘ→ⓔと細胞の数がふえていき，その後ⓐ→おたまじゃくし(幼生)と，体の形ができていく。

(2) 減数分裂は，体細胞分裂とは異なり，染色体の数がもとの細胞の半分になる。そして，雌と雄の生殖細胞が合体して受精卵ができると，染色体の数はもとにもどる。

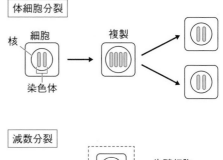

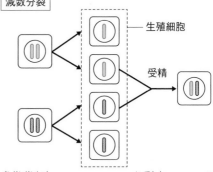

(3) 無性生殖では，親と同じ遺伝子を受け継ぐため，子の形質は親とまったく同じになるが，有性生殖では，親の遺伝子を半分ずつ受け継ぐため，子の形質は，親と同じであったり，異なったりする。よって，ⓘは誤り。また，動物の中にも，イソギンチャクのように，体の一部が分かれて新しい個体をつくるものなど，無性生殖で子孫を残すものもいる。よって，ⓞも誤り。

5 (2) 表2が，100 g の水にとかすことができる最大の質量を示しているのに対し，実験で使っている水の量が 75 g であることに注意する。水の量が 100 g の $\frac{3}{4}$ になると，とける物質の量も表2の値の $\frac{3}{4}$ になる。表2から，ミョウバンは，

35℃の水75gにとける量が14.85gなので，実験の結果の表1で，35℃のときにとけ残りがあった物質bであることがわかる。同様に，水の温度が15℃のときの硝酸カリウムと塩化ナトリウムのとける量を求めると，

$$硝酸カリウム：24.0 \text{ g} \times \frac{3}{4} = 18.0 \text{ g}$$

$$塩化ナトリウム：35.9 \text{ g} \times \frac{3}{4} = 26.925 \text{ g}$$

よって，20gがすべてとけた物質aが塩化ナトリウムであり，残りの物質cが硝酸カリウムである。

(3) 硝酸カリウムをとかした水の質量をxとすると，

質量パーセント濃度〔%〕=

$$\frac{溶質の質量〔g〕}{溶媒の質量〔g〕＋溶質の質量〔g〕} \times 100 \quad より，$$

$$\frac{50 \text{ g}}{x + 50 \text{ g}} \times 100 = 20 \qquad x = 200 \text{ g}$$

表2より，5℃の水100gにとかすことができる硝酸カリウムの最大の質量が11.7gなので，2倍の200gの水にとかすことができる最大の質量は，

11.7 g×2＝23.4 g

よって，水溶液の温度を5℃まで下げたときに出てくる結晶は，

50 g － 23.4 g＝26.6 g

(4) 水溶液にとけている物質をとり出すには，水溶液を冷やす方法と，水を蒸発させる方法がある。塩化ナトリウムは，水の温度が変化してもとける量があまり変わらないので，温度を下げる方法では結晶はほとんどとり出せない。そのため，塩化ナトリウムの結晶をとり出すには，水を蒸発させる方法が適している。

入試につながる

1 地震に関する問題では，地震計の観測記録から地震の発生時刻や，震源からの距離などを求める問題が多く出題されている。初期微動（P波によって引き起こされる）と主要動（S波によって引き起こされる）のちがい，震源からの距離と初期微動継続時間の関係を整理しておこう。

2 電力と発熱量に関する問題では，それらの関係を表すグラフから読みとる形式が多い。何と何の関係性を問われているのかに注目して解こう。

3 生態系に関する問題では，自然界での物質の循環や食物連鎖について問われることが多い。問題を解く際は，模式図内の物質や生物，矢印が何を表しているかに着目しよう。

4 生物の生殖，成長に関する問題では，染色体についての出題が多い。細胞分裂の順序や体細胞分裂と減数分裂のちがいをしっかりと把握しておこう。

5 水溶液に関する問題では，グラフや表から物質の溶解度を読みとって解く問題がよく出題される。とり出せる結晶の質量や質量パーセント濃度など，計算問題もあわせて出題されやすいので，公式や計算方法をしっかり頭に入れておこう。

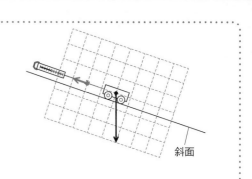
斜面

---

1 (1) i 群…㋐ ii 群…㋗ (2)㋑
2 (1)㋐ (2)右図 (3)① ㋙ ② 189(cm/s)
3 (1)衛星 (2)㋓ (3)d (4)㋑
4 (1)① ㋐ ② ㋒
5 (1)㋑ (2)㋓
6 (1)MgO (2)㋔
 (3)(銅やマグネシウムが)すべて酸素と反応したから。
 (4)㋕ (5)2.16(g)

解説

1 (1) 陸は海よりもあたたまりやすく，冷めやすい。晴れた日の昼は，あたたまりやすい陸上の気温が海上よりも高くなる。そのため，陸上の大気の密度が小さくなり，上昇気流が生じる。すると，地表付近の気圧が低くなり，海から陸に向かって風がふく。

昼

上昇気流 ／ 下降気流

	陸		海	
高い	←	温度	→	低い
低い	←	気圧	→	高い

また，**気団**は形成される場所によって性質が異なる。大陸上にできる気団は乾いており，海洋上にできる気団は湿っている。また，北方にできる気団は冷たく，南方にできる気団はあたたかい。

シベリア気団(冬)
冷たい。乾いている。

オホーツク海気団
(初夏・秋)
冷たい。湿っている。

小笠原気団(夏)
あたたかい。湿っている。

(2) 冬はシベリア気団が発達し，日本の西側に**高気圧**，東側に**低気圧**がある西高東低(型)の気圧配

置になりやすい。等圧線は日本列島上では南北方向にのび，間隔がせまいのが特徴である。㋐は東西に長くのびた停滞前線(梅雨前線)が見られるのでつゆ，㋒は太平洋高気圧が発達し，日本列島が高気圧におおわれているので夏，㋓は温帯低気圧と移動性高気圧が日本列島付近を交互に通過しているので春の天気図である。

2 (1) 斜面の傾きが一定のとき，斜面上の物体にはたらく斜面に平行な力は，斜面のどこでも一定である。よって，ばねばかりの値はどれも同じになる。

(2) 力学台車が斜面上で静止しているので，力学台車にはたらく斜面に平行な力と，糸が力学台車を引く力は**つり合っている**。力学台車にはたらく斜面に平行な力は，力学台車にはたらく**重力**の分力なので，下の図のようになる。

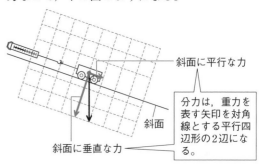

斜面に平行な力

斜面に垂直な力

斜面

分力は，重力を表す矢印を対角線とする平行四辺形の2辺になる。

糸が力学台車を引く力は，この斜面に平行な力と大きさが等しく，反対向きである。ばねばかりが糸を引く力は，この力と同じ大きさ・同じ向きとなるが，**作用点**は糸とばねばかりをつないだ部分なので，力の矢印はそこからかく。

(3)① 記録テープの打点間隔は，物体の速さが速

いほど広くなり，遅いほどせまくなる。また，速さが一定のときは，打点間隔も一定になる。図3の6打点ごとの記録テープの長さがだんだん長くなっていることから，力学台車の運動は，だんだん速くなっていることがわかる。よって，記録テープの打点間隔がだんだん広くなっているものを選べばよい。

② 記録タイマーは1秒間に60回打点するので，6打点では，$\dfrac{1}{60}$ s $\times 6 = \dfrac{1}{10}$ s つまり，0.1秒である。記録テープ⑥の長さは18.9 cmなので，

$$速さ〔cm/s〕 = \dfrac{移動距離〔cm〕}{移動にかかった時間〔s〕}　より，$$

$$\dfrac{18.9\ \mathrm{cm}}{0.1\ \mathrm{s}} = 189\ \mathrm{cm/s}$$

3(2) 月の満ち欠けは，太陽と地球，月の位置関係が変化することで起こる。月の位置と見え方の関係は次の図のようになっている。

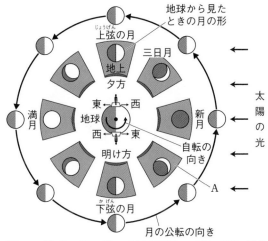

図1の月は，日の出の1時間前に，東の空に見えたので，上の図のAである。よって，3日後の月は新月になり，明るく光る部分は見えなくなっている。

(3) 天体は，地球の自転によって，東からのぼって南の空の高い位置を通り，西に沈むように動いて見える。図1は東の空のようすなので，このあと右上へ動く。

(4) 金星は月と同じように，太陽の光を反射して光っており，太陽と地球，金星の位置関係が変化することで満ち欠けする。図3のように，金星がちょうど半円になって見えるのは，地球－金星－太陽のなす角が90°になるときである。また，明

け方の東の空に見えたことから，地球を北極側から見たときに太陽の右側にある。よって，図3の金星が観察されたときの金星は，右の図の位置にあることがわかる。地球は12か月で1回公転するので，2か月で移動する角度は，

$$360° \times \dfrac{2}{12} = 60°$$

金星の公転周期は0.62年なので，2か月で移動する角度は，$\dfrac{60°}{0.62} = 96.7\cdots°$

よって，2か月後の地球と金星は，右の図のような位置関係になり，地球と金星との距離は2か月前より遠くなる。金星は，地球から離れるほど丸く小さく見えるので，①がもっとも適当といえる。

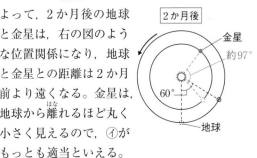

4(1) グループAは脊椎動物，グループBは無脊椎動物の節足動物，グループCとグループDは無脊椎動物の軟体動物に分類される。

5(1) 導線に電流を流したときにできる磁界の向きは，電流の向きによって決まる。まっすぐな導線の場合，下の図のように，右ねじが進む向きに電流を流すと，右ねじを回す向きに磁界ができる。

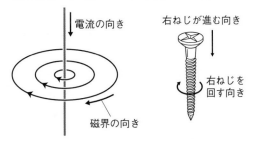

(2) 磁界の中の導線に電流を流すと，電流は磁界から力を受ける。このとき電流が受ける力の向きは，電流の向きを逆にすると逆になる。また，磁石の極を入れかえて，磁界の向きを逆にしても逆になる。電流の向きを逆にして，さらに磁界の向きを逆にした場合は，はじめと同じ向きになる。

6(1) 銅と酸素が結びつくと，酸化銅ができる。また，マグネシウムと酸素が結びつくと，酸化マグ

ネシウムができる。

銅　　　　酸素　　　　酸化銅

$$2Cu + O_2 \longrightarrow 2CuO$$

マグネシウム　　酸素　　酸化マグネシウム

$$2Mg + O_2 \longrightarrow 2MgO$$

(3) 一定量の物質と結びつく物質の質量には限界があるので，どちらか一方の物質が多く存在しても，もう一方の物質がなくなれば化学変化はそれ以上進まない。多いほうの物質は，反応せずにそのまま残る。

(4) 加熱後の質量と加熱前の質量の差が，結びついた酸素の質量である。1.80 g の銅と結びついた酸素の質量は，2.25 g − 1.80 g＝0.45 g
よって，銅の質量と結びついた酸素の質量の比は，
銅：酸素＝1.80 g：0.45 g＝4：1
また，1.80 g のマグネシウムと結びついた酸素の質量は，
3.00 g − 1.80 g＝1.20 g
よって，マグネシウムの質量と結びついた酸素の質量の比は，
マグネシウム：酸素＝1.80 g：1.20 g＝3：2
銅とマグネシウムが，仮に 2 g の酸素とそれぞれ結びつくときの質量を考えた場合，銅の質量を x，マグネシウムの質量を y とすると，

$$x : 2\,g = 4 : 1 \qquad x = 8\,g$$
$$y : 2\,g = 3 : 2 \qquad y = 3\,g$$

したがって，同じ質量の酸素と結びつく，銅の質量とマグネシウムの質量の比は，8：3 となる。

(5) 銅と加熱してできる酸化銅の質量の比は，
銅：酸化銅＝1.80 g：2.25 g＝4：5
マグネシウムと加熱してできる酸化マグネシウムの質量の比は，
マグネシウム：酸化マグネシウム
＝1.80 g：3.00 g＝3：5
よって，酸素と結びつく前の混合物にふくまれる銅の質量を z とすると，酸化銅の質量は $\dfrac{5}{4}z$，酸化マグネシウムの質量は $\dfrac{5}{3}(3.00\,g - z)$ となる。

$$\dfrac{5}{4}z + \dfrac{5}{3}(3.00\,g - z) = 4.10\,g$$ より，

$$z = 2.16\,g$$

∞入試につながる

1　地球分野の中でも，天気図の読みとり問題は出題率が高い。天気図から，気象要素(風向・風力・気圧・気温・天気など)を読みとる問題や，前線の通過にともなう天気の変化を予測する問題などが出題されやすい。基本的な天気記号や前線の性質は，かならず覚えておこう。

2　物体の運動に関する問題では，斜面上での物体の運動についての問題がよく出題される。物体の運動の変化のほかに，平均の速さを求める計算問題や，物体にはたらく重力を分解する作図問題などもあわせて出題されやすいので，公式や作図方法をしっかり復習しておこう。

3　宇宙に関する問題では，月と金星の満ち欠けについての問題が多く見られる。地球，太陽との位置関係から，どのような形に見えるかを判断できるようにしておこう。

4　動物の分類に関する問題では，分類と具体例をいっしょに覚えるとよい。背骨の有無，呼吸のしかた，子のふやし方など，自分で表にまとめられるようにしておこう。

5　電流と磁界に関する問題では，電流がつくる磁界や電磁誘導についての出題が多い。磁界の向きや強さが何によってどのように変化するかをしっかり押さえておこう。

6　化学変化における質量の計算では，グラフや表から，物質と物質が結びつくときの質量の比を読みとってとく問題がよく出題される。求めたい物質の質量を x や y と仮定し，正しい比の関係式を立てられるようにしておこう。